重要矿产资源可利用性研究
——以重庆市大佛岩－川洞湾铝土矿区为例

栾进华 韩列松 高 原 张瑞刚／著

项目组成员：
栾进华 韩列松 高 原 张瑞刚 林长城
李良林 黄培培 熊 亮 谢洪斌 董 毅

重庆大学出版社

内容提要

本书以重庆市南川区大佛岩-川洞湾铝土矿区为典型矿区,基于层次分析及加权叠加法的评价模型,通过构建矿产资源可利用性评价指标体系,对目标矿区铝土矿资源的可利用性进行了深入研究和评价。本书所建立的评价模型可为铝土矿等矿产资源的可利用性评价提供科学参考,获得的评价结论不仅可以作为矿山企业建设投资的依据,还可以为规划区域矿产资源、调整矿业布局、配置矿业生产要素提供理论基础,对促进地区矿产行业高质量发展亦具有重要的参考价值。

图书在版编目(CIP)数据

重要矿产资源可利用性研究:以重庆市大佛岩-川洞湾铝土矿区为例 / 栾进华等著. -- 重庆 : 重庆大学出版社,2024.3
ISBN 978-7-5689-4395-6

Ⅰ. ①重… Ⅱ. ①栾… Ⅲ. ①铝土矿—矿产资源—资源利用—研究—重庆 Ⅳ. ①P578.4

中国国家版本馆 CIP 数据核字(2024)第 045065 号

重要矿产资源可利用性研究
——以重庆市大佛岩-川洞湾铝土矿区为例
ZHONGYAO KUANGCHAN ZIYUAN KELIYONGXING YANJIU
——YI CHONGQING SHI DAFOYAN-CHUANDONGWAN LÜTU KUANGQU WEI LI

栾进华 韩列松 高 原 张瑞刚 著
策划编辑:苟荟羽
责任编辑:张红梅 版式设计:苟荟羽
责任校对:关德强 责任印制:张 策

*

重庆大学出版社出版发行
出版人:陈晓阳
社址:重庆市沙坪坝区大学城西路 21 号
邮编:401331
电话:(023) 88617190 88617185(中小学)
传真:(023) 88617186 88617166
网址:http://www.cqup.com.cn
邮箱:fxk@ cqup.com.cn(营销中心)
全国新华书店经销
重庆升光电力印务有限公司印刷

*

开本:720mm×1020mm 1/16 印张:15 字数:215 千
2024 年 3 月第 1 版 2024 年 3 月第 1 次印刷
ISBN 978-7-5689-4395-6 定价:88.00 元

前　言

　　矿产资源是经济社会发展的重要物质基础,矿产资源勘查开采事关国计民生和国家安全。党的二十大报告明确指出,坚持统筹产业结构调整、污染治理、生态保护、应对气候变化,协同推进降碳、减污、扩绿、增长,推进生态优先、节约集约、绿色低碳发展。这对当前矿产资源可利用性评价提出了更高要求并赋予了新的时代内涵。对重要矿产资源的可利用性进行评价,全面了解可开发利用现状和潜力,有助于保障矿产资源的可持续供应,这是贯彻新发展理念、促进经济转型、推动产业升级、盘活已查明矿产资源储量、提高资源的综合效益及保障能力的重要举措。

　　本书采用实地调查、问卷调查、资料收集等方法,详细介绍了重庆市南川区大佛岩-川洞湾铝土矿区46个初始评价指标的具体情况。本书基于层次分析及加权叠加法的评价模型,通过构建矿产资源可利用性评价指标体系,对目标矿区铝土矿资源的可利用性进行了深入研究和评价。本书是国内首次基于层次分析法及加权叠加法的评价模型对矿产资源可利用性进行评价的有益尝试。本书分为9章:第1—2章重点阐述矿产资源可利用性研究的背景、方法、现状、进展和理论基础等。第3—7章论述重庆市南川区大佛岩-川洞湾铝土矿区资源可利用评价诸多指标的具体情况。第8章论述基于利用层次分析法和加权叠加法所建立的评价模型并对目标矿区进行铝土矿资源可利用性评价。第9章总结了本书的研究成果并对铝土矿资源的开发利用提出了相关建议。

　　本书利用层次分析法和加权叠加法所建立的评价模型可为铝土矿资源的可利用性评价提供科学参考,同时也可为其他矿产资源的可利用性评价提供借鉴。获得的评价结论不仅可作为矿山企业建设投资的依据,还可为规划区域矿产资源、调整矿业布局、配置矿业生产要素提供理论基础,同时对促进重庆等地区矿产行业高质量发展也具有重要的参考价值。当然,对于评价指标的选择和权重的确定需要根据不同的矿产资源和应用场景进行调整和优化,以便更好地满足实际需求。

笔者所在的重庆地质矿产研究院,长期从事主要矿产资源开发利用及矿产品供需形势分析研究,并取得了一系列科学研究成果。此次依托重大地质事件与资源环境效应重庆市重点实验室和自然资源部页岩气资源勘查重点实验室,以重庆市南川区大佛岩-川洞湾铝土矿区为典型矿区,开展了铝土矿资源可利用性评价及相关研究工作。本书内容是重庆市自然科学基金面上项目(CSTB2022NSCQ—MSX1375)的研究成果。

本书是铝土矿资源可利用性评价的研究成果。由于资料来源、研究水平和学识有限,书中难免有疏漏之处,敬请广大读者批评指正,以帮助我们在今后的研究工作中加以改进和提高。

作　者
2024 年 2 月

目　录

第1章 绪 论

1.1 研究背景

20世纪70年代末,我国引进了项目可行性研究和经济评价方法,并开始利用可行性研究和费用效益分析等进行矿山建设项目的经济分析,主要评价内容有:对地质勘查中普查、详查、勘探各阶段进行经济概略性评价;对新建矿山项目投资效益的可行性进行论证;对区域矿产资源开发利用前景的经济性进行评价;对区域或地方矿产资源供应能力和需求进行分析。20世纪90年代以来,矿产资源的评价方法进一步完善,主要评价方法有:矿产资源的地质评价;矿产资源的经济价值评价;矿产资源资产化评估;矿业权评估。长期以来,我国对矿产资源可利用性研究没有给予足够的重视,以往的工作主要进行经济价值和选冶加工技术性能评价,对矿产资源相关的政策文件、生态环境、选冶技术及成本、矿山建设的经济性等因素的影响综合分析研判不够,造成实际可利用资源家底掌控不全,对全国重要矿产资源实际可利用家底缺少科学的评价和足够的认识,制约了我国矿产资源的高质量发展。

随着经济社会的发展,对矿产资源的评价提出了新的要求。党的十九大报告明确指出,要加快生态文明体制改革,建设美丽中国,形成节约资源和保护环境的空间格局、产业结构、生产方式、生活方式,这对当前矿产资源的经济评价提出了更高要求,并赋予了新的时代内涵。对重要矿产资源的可利用性进行探索,全面了解可开发利用现状和潜能,有助于保障矿产资源的可持续供应,这是贯彻新发展理念、促进经济转型和产业升级的重大措施之一。全面系统的矿产资源可利用性评价,有助于国家和地方政府制定更为完善的矿业政策、保持良好的矿业开发秩序、建立适合我国社会主义市场经济体制和资源管理体制的发展思路,并为解决国家资源问题提供科技支持。此外,加强重要矿产资源的可利用性以及评价方法的研究,是致力于盘活已查明矿产资源储量、推动产业技术升级、提高资源的综合效益及保障能力的重要举措。

2020 年,自然资源部在全国矿产资源国情调查中明确要求对有条件的省份开展矿产资源可利用性评价工作。2021 年,重庆市矿产资源国情调查对市内煤、地热、铁矿、锰矿、铜矿、铅矿、锌矿、铝土矿、钼矿、汞矿、镁矿(炼镁白云岩)、锶矿(天青石)、硫铁矿、石膏、重晶石、毒重石、方解石、萤石(普通萤石)、石灰岩、砂岩、盐矿(岩盐)、矿泉水等 22 个重要矿种初步进行了可利用性分析。但由于评价矿种多、时间短、可参考资料较少等,出现了评价指标偏少、评价指标选取不够科学、评价模型不够系统等问题,一定程度上影响了可利用性评价结果的准确性。因此,有必要对重庆市重要矿产资源的可利用性开展深入分析和研究。

1.2 研究目的和意义

国家经济发展离不开矿产资源的支撑,矿产资源的合理开采与有效利用对我国经济发展至关重要。一方面,重庆市铝土矿、锰矿、锶矿、毒重石等矿产资源储量规模较大,位于全国前列,在矿业经济、资源安全中占有重要地位;另一方面,重庆市矿产资源中共生矿、低品位矿、难选冶矿所占比重较大,受技术条件、装备水平约束及矿业政策、生态、环境等因素影响,对这些矿产资源的实际可利用性掌握不全,矿产资源利用率不清。

重庆市铝土矿资源集中分布于南川区、黔江区、武隆区、丰都县等。近年来,地质学家从物质来源、成矿规律、成矿模式、沉积环境、综合利用等方面对渝东南地区的铝土矿进行了研究,但有关铝土矿可利用性方面的研究总体较少。总的来看,渝东南地区铝土矿可利用性研究往往侧重对矿石加工技术性能的分析;对矿产资源相关政策、当地经济水平、社会发展、生态环境、选冶技术成本、矿山建设的经济性等制约因素的影响综合分析不足。

为此,重庆地质矿产研究院于 2022 年 8 月申报了重庆市自然科学基金项目"重庆市重要矿产资源可利用性研究——以大佛岩-川洞湾铝土矿区为例",旨在以重庆市南川区大佛岩-川洞湾铝土矿区为典型矿区,开展重要矿产资源可利用性评价及相关研究工作。

开展重庆市重要矿产资源可利用性研究,掌握重庆市重要资源供应能力和开发利用潜力,是保障重庆市资源持续供应的关键基础,是全面落实科学发展观、促进重庆市未来经济转型和产业升级的客观要求。项目研究成果可为后续新建矿山提供可利用性评价理论依据——根据各矿区最具代表性的评价指标,通过微调评价指标和特征值,达到对新建矿山进行可利用性评价的目的。

1.3 国内外研究现状

1.3.1 国外研究现状

20 世纪 30 年代,随着全球化的推动,矿产资源可利用性理论及相关技术得到迅速普及,并在西方发达国家开始应用。20 世纪 60 年代,全球各国政府纷纷投入大量精力,探索更有效的矿产资源管控技术和更好的生态及环境保护措施,并以此为基础,推动经济的长期健康发展。许多国家,尤其是欧美国家,大力推进矿产资源的利用,并积极构建多个专门的数字化系统,以便更好地反映和管理矿产资源,例如,美国 ASM 金属信息库、韩国钢铁金属情报网、全球矿业数据库等,都在努力提供更加全面、准确的矿产资源利用信息,以便更好地满足当地的社会需求。自 20 世纪 70 年代以来,美国、加拿大、芬兰等国家纷纷实施四大矿产资源评估计划,并获得了良好的经济和社会发展效益。

近年来,西方发达国家组织科学家开展了多项资源利用评价技术研究,包括系统工程理论、智能技术、BP 神经网络等,其目的是从技术和经济角度开展资源利用评价。此外,他们还构建了一个基于专业知识的系统,这个系统可以把各种信息储备起来,然后通过模拟人的思考来帮助决策者做出更加明确的决定,并有效地进行预测、仿真、优化与控制。随着技术的不断发展,目前的专业知识系统在各个行业都得到了广泛运用,包括但不限于矿山勘探,矿山开发,矿山资源优化,矿石粉碎、筛选、冶炼等。

随着系统化的评价技术的发展,Ronchi(2002)提出了一套可持续发展评价指标体系,以更加准确地衡量意大利的可持续发展水平。Adisa Azapagic(2004)提出了一种将经济、环境和社会三者结合起来的指标体系,更加全面地评估了意大利的可持续发展水平,并在此基础上,进一步深入探索了意大利的可持续发展模式,以期达到更好的发展效益;同时,为了更好地衡量和促进采矿行业的可持续性,132 个指标被纳入评价体系,但由于缺乏能够反映不同子系统之间交叉影响的变量,这些指标在实践中应用存在一定的困难。为此,Damjan Krajnc等(2005)以层次分析法(AHP)为依据,构建出一个全面考虑经济、环境以及社会因素的 ICSD 模型,以便更好地识别与之相关的重要信息。Watson Brett 等(2020)使用经济市场模型对 1970—2013 年期间 22 种化学元素样本价格和物理指标之间的关系进行了统计,结果表明生产中的能源需求解释了 43% 的金属价格变化、21% 的地壳丰度,其他物理指标(毒性、原生金属状态和熔点)综合起来解释了 12% 的金属价格差异。Teseletso 等(2021)利用品位-吨位曲线说明了金属矿石品位下降时未来的资源可用性。

1.3.2 国内研究现状

随着科技的发展,国内对矿产资源可利用性的评价研究已经取得了长足进展,从评价准则、指标体系、模型到方法,都有了显著的改善。

1)关于评价准则的研究

王泽秋(1990)以人口、资源和环境为基本要素,构建了四个准则(经济准则、资源准则、生态准则和社会准则),确立了评价矿产资源开发利用的四个维度(经济、资源、生态和社会),将定量评价与定性评价结合起来,得出综合的评价结论。傅中良(1991)补充完善了关于矿产资源开发利用的评价准则,认为评价体系要能准确体现资源综合利用的经济效益、资源效益和技术经济特征,能满足矿山企业生产需要和科学实用等原则,并基于统计指标、评价指标和考核体系三要素构建了矿产资源综合开发利用的评价体系。杨昌明等(1992)基于区域矿产资源综合评价理论,分析了五大理论、四项原则、五类基本要素以及基本方法和基本程序,首次利用"综合优度"的概念来评价区域矿产资源。杨桂和(1997)根据综合找矿、综合勘探、综合评价、综合开发的理论方法,提出了评价矿产资源综合利用的方法,旨在充分发挥资源优势,挖掘矿业潜能,实现资源、环境、经济和社会效益的有机结合,实现矿产综合利用的最大化。因此,必须按照系统工程的原则,有效地组织和管理矿产综合利用工程,以期达到更高的经济效益。郭路明(2014)提出了科学有效性、可操作性、系统性与层次性、灵活适应性、简明性和实用性等评价原则。张亚明(2020)提出了科学性、系统性、全面综合性等评价原则。

2)关于指标体系的研究

王贵成(1999)系统地总结了矿产资源可持续发展的意义和趋势,指出了构建评价指标体系的重要性、原则、框架和考核参数,建立了矿产资源可持续发展的评价指标体系。汪云甲(2001)分析了制约资源开发的主要因素,提出了将矿产资源开发利用的制约因素纳入社会经济系统进行综合评价,利用定性与定量、宏观与微观、发展与保护、当前与长远、社会效益与经济效益、理论分析与计算机模拟等多学科知识进行综合分析,得出的评价结论才能更准确合理。骆正山(2005)分析了传统评价指标体系中存在的不足,并依据矿区系统演化的一般规律,根据矿产资源可持续发展的评价准则,建立了一套相对完备的综合评价指标体系,其特点是四级叠加、逐层递归。王艳萍(2008)根据环境影响评价中存在的问题,针对矿产资源开发利用环境影响建立了一套三级评价指标体系。覃初礼、吴郭泉(2010)提出,矿产品可持续开发和使用评估需要一套全面而系统的指标体系,而传统的评价手段往往无法满足这一要求,因此,他们提出了一套新颖而全面的指标体系,通过采取标准化技术,结合网络分析,对各种指标体系进行系统的评估,从而获得更加精确、客观、全面、科学的结果。刘浪(2012)提出了一种新的矿山资源利用评估体系,以粗糙集理论的原理解决矿石采选过程中的矿石损失贫化问题,从而减少资源的浪费,并通过实证分析证实了该评估模型不仅是科学合理的,而且具有宝贵的参考价值,该模型因此成为一种更加可行、更加适用的工作流程。严伟平(2020)提出了一种新的理论,他将资源开发、环境保护以及经济增长三者相结合,建立了一套新的、可衡量矿产资源开采和使用效益的指标框架和评价机制。

3)关于评价模型和方法的研究

学界对矿产资源的评估主要集中在如何建立一个有效的评价模型以及如何使用各种不同的评价方法。例如,左治兴、孙学森(2005)对目前的矿产资源评价领域进行了全面的总结,指出目前矿产资源评价主要依靠理论与技术的结果,缺乏对数字信息的有效处理,因此,有必要寻找一个新的、有效的、可信的、数字化的、可连续的、可操作的矿产资源评价方式,以满足社会的需求。乐毅等(2009)使用层次分析法(AHP),以更加客观的视角,综合考虑目标、准则、方案等多种因素,利用更加精细的数据,更好地识别出了中国锰矿自然资源的可持续开发利用水平及资源安全性,提供了更加优秀的解决方案。张洪梅等(2011)

研究发现,在定量信息有限的情况下,可将复杂的决策问题转换成更加精细的模型,以便更有针对性地处理。因此,他们借助全球普遍接受的多指标评价技术,制定出了一套完整的矿产资源利用水平指标框架,更加精细地衡量了各类矿物的开发和利用,以达到更有效地管控和更优质地服务的目的,进而更好地应对当前的环境挑战,更有效地实现可持续的经济增长。丁其光、徐明等(2012)根据当时的矿产开采利用情况,构建了一套可以客观、定量衡量的矿产开采利用效率指标与评价方法,详细解释了每一项指标的定义与运行原理,其根本任务是在诸多影响效率的因素中,通过系统分析提取一组能够准确体现矿山开发利用综合水平的评价指标。赵恒勤等(2012)总结了常用的评价模型和方法,认为评价方法主要有模糊综合评判法、层次熵多目标决策分析法、灰色关联评价法、层次分析法、专家打分法和数据包络分析(DEA)法等,评价结果的准确性在一定程度上取决于评价方法的选择。随着评价技术和方法的不断发展和创新,部分学者运用网络分析法,借助 MATLAB 等软件构建神经网络模型对矿产资源开发利用进行评价。此外,王边莲等(2011)指出,矿产品综合开发和利用评价也属于经典的多目标决策过程,需要采取更加系统和全面的措施来实现。通过采用 BP 神经网络的最佳化分析方法,不仅可以更高效地实现多种方案的排序选择,而且可以更精细地评价各参与者的贡献,从而更全面地实现矿业的整体综合性开发与利用。在评价过程中,BP 神经网络的非线性评价模型为评价结果提供了一种参考,更加精细地评价各项影响因素的贡献,更加全面地实现矿业的整体综合性开发与利用。BP 神经网络技术被广泛应用,覃初礼等(2012)将其应用到了其他领域以提高其在矿业管理中的应用价值。采取更加科学的方式确定指标权重,不仅能够更加准确地反映实际情况,还能够更加全面地反映社会发展的趋势。黄俊玮(2018)提出的矿集区矿产资源可利用性等级体系,采取更加科学的方式,将传统专家主观打分作为衡量指标的参考,同时采取更加全面的方式,综合考虑各种因素,构筑出一套能够迅速、准确地衡量矿山开发潜力的技术体系。刘得辉(2022)基于多指标决策(MCDM)框架,利用层次分析法和 ArcGIS 构建了 14 个评价因子的指标体系和模型,建立了一套多方面、多角度的快速定量化评价储备矿产地开采优势法的方法。

1.4 资料基础与工作方法

1.4.1 资料基础

2021 年 12 月,重庆地质矿产研究院提交了《重庆市矿产资源国情调查成果汇总报告》,该报告汇总了重庆市各类矿种及矿区历年的地质勘查和采矿资料,对重庆市矿产资源储量家底进行了系统梳理,并对重庆市 22 个矿种资源可利用性进行了初步分析,目前已掌握了矿产资源的分布、资源储量规模和矿区利用现状,为本书的矿产资源可利用性研究奠定了坚实的基础。此外,重庆地质矿产研究院有近 70 年的地质勘查和科研工作经验,具有翔实的地质资料,熟悉研究区的重要科学问题。

1.4.2 工作方法

1)文献调研

系统收集与课题相关的政策,包括《中华人民共和国矿产资源法》《中华人民共和国矿产资源法实施细则》《重庆市矿产资源管理条例》《战略性矿产找矿行动(2021—2035 年)》《新一轮找矿突破战略行动"十四五"实施方案》《全国矿产资源总体规划(2021—2025 年)》《重庆市矿产资源总体规划(2021—2025 年)》《重庆市南川区矿产资源总体规划(2021—2025 年)》等,以及重庆市矿产资源潜力评价、矿产资源现状利用调查、矿产资源国情调查和其他相关的矿产资源战略研究成果等,同时还对重庆地区矿产资源概况进行了分析、整理。充分收集、利用已有的矿产资源勘查评价与开采利用资料。利用网络、图书馆、地质图书馆、资料馆等全面收集重庆市及目标矿区的自然地理、政治、经济、人文、地质勘查、矿业经济、矿产政策及矿山开发利用等方面的资料,综合分析研究目标矿区的开发利用条件,综合整理各信息之间的关系。收集相关地区的基础地质资料及国内外有关矿产资源可利用性方面的各类文献资料,特别是重点收集工程建设项目压覆、重要功能区重叠和产业政策约束方面的资料,全面系统地梳理可利用性评价的 46 个指标,分析研究它们对矿产资源可利用性评价结论的影响。

据统计,课题组收集了有关论文 100 余篇,专著 10 余部;收集了政府公报、公开文件若干;充分利用了网上相关资料。这些资料为本书涉及之课题的顺利完成奠定了坚实基础。

2)开展实地调查研究

系统开展实地调查,主要对与目标矿区有关的交通、供水供电、气候、地形地貌、地震情况、生态环境、评价区有无同类矿山等进行调查;并对国内供需情况、国际市场行情、国家及地方产业政策、工程建设项目压覆、重要功能区重叠、产业政策约束等影响开发建设的外部条件进行调查。

调查整理相关矿产品价格、成本,矿山基建投资、流动资金、资本化利息及总成本等;调查矿山合理服务年限、开采方式、开拓方式、剥离系数、掘采比、采矿方法、采矿回收率、矿石贫化率、选矿方法、选矿试验程度、选矿难易程度、设计年选矿能力、精矿品位、精矿产率、选矿回收率、选矿比、难选冶原因等。

采集矿山储量评价指标:矿石工业类型、矿床工业类型、工业矿产资源储量、可采系数、矿床远景评价、矿体厚度及埋深;采集矿石质量特征评价指标:矿产组合、有益有害组分、矿石品位、矿床工业指标等。

3)进行对比研究,突出定量与定性相结合

通过系统总结该地区的优势,构建南川区大佛岩-川洞湾铝土矿区矿产资源可利用性评价的主要因素,研究主要采用历史现状对比法及定量分析法。通过对南川区大佛岩-川洞湾铝土矿区历史与现状资料进行对比分析,研究周边铝土矿产品进口的数量、质量、结构,以及矿产品进口发展趋势等。同时,利用定量与定性相结合的方法开展研究,例如,对供需形势分析尽量采用定量的方法,而对矿业政策、矿业投资环境的评价则尽量采用定性的方法,但多数采用定量与定性相结合的方法。

4)开展专家论证,广泛征求意见

对研究区资源可利用性的研究,充分听取专家学者的意见和建议,同时采纳重庆地方自然资源及矿业管理部门、矿山企业等各领域专家的建议。例如,课题组专门听取了重庆市发展和改革委员会、重庆市规划和自然资源局、重庆市生态环境局、重庆市统计局、重庆市林业局、重庆市交通局等单位领导及专家的建议。课题完成后又征求了南川区人民政府、南川区规划和自然资源局等单位领导及专家的意见和建议。同时,课题组成员内部经常召开研讨会,对重点、难点及焦点问题进行讨论交流。多次组织相关人员进行座谈分析,集中讨论影响研究区矿产资源可利用性的各种因素。这些意见和建议对完善研究报告具有重要的参考意义。

第2章 理论基础及内涵分析

　　矿产资源是人类社会赖以生存和发展的重要物质来源,也是当今经济社会发展的重要物质基础。我国矿产资源种类较为齐全,但人均资源占有量低,与世界平均水平相差甚远。随着我国工业化步入后期,居民消费结构不断升级、生活水平不断提高,矿产资源的需求深度及广度将越来越大,矿产资源供给的有限性和不可再生性与需求快速增长形成的矛盾日益尖锐。在此背景下开展重要矿产资源可利用性相关研究意义重大。

2.1 理论基础分析

2.1.1 系统理论

　　系统理论源于1945年路德维希·冯·贝塔朗菲(Ludeig von Bertalanffy)发表的一篇题为"关于一般系统论"的文章。目前,系统学已涵盖运筹学理论、协同学方法、控制论原理、信息学理论、规划学方法、关联学理论、组织行为学及管理学方法等系统科学体系。作为一门横断学科,系统学已成为思维科学、工程技术、自然科学及社会学等研究领域的基础理论和方法。主要的系统学理论包括随机系统理论、线性系统理论、非线性系统理论、模糊系统理论、灰色系统理论、动态系统理论及开放的复杂巨系统理论等。系统一般被定义为"由具有特定功能的、相互间具有有机联系的许多要素所构成的一个整体"。就一般系统的共同属性和整体运动规律而言,系统的基本原理包括整体性、相关性、动态性、结构性、层次性、适应性和目的性。重要矿产资源可利用性研究可以理解为一个复杂系统,具有非线性、复杂性、动态性等特点。

2.1.2 可持续发展理论

1)可持续发展理论基础

可持续发展理论的形成经历了相当长的历史过程,其发展启蒙于 20 世纪五六十年代,缘于一个海洋生物学家对鸟类的关怀,并从"增长极限问题"的讨论中受到启发。在 1980 年制定的《世界自然资源保护大纲》中,可持续发展作为一种资源管理的策略被首次提出。然而,由于不同学科的认知和研究领域的差异,可持续发展的定义和方向出现了多种不同的变化。直到 1987 年,挪威时任首相布伦特兰夫人发表名为"我们共同的未来"的报告,可持续发展的要领才得到全世界的重视。可持续发展理论被广泛接受的定义是"既满足当代人需求,又不危及后代人满足其需求的发展"。

可持续发展的内涵包括经济可持续发展、生态可持续发展、社会可持续发展。可持续发展的基本理论尚处于探索和形成之中。可持续发展的终极目标是不断满足物质、能源等硬件方面的需求,并满足信息和文化等软件方面的需求,不断优化系统组织结构,使当代和未来的人类在更加严谨、适宜、健康和宜人的环境下生活。在具体内容方面,可持续发展涉及可持续经济、可持续生态和可持续社会三方面的协调统一,要求人类在发展中讲究经济效率、关注生态和谐和追求社会公平,最终达到人的全面发展。这表明,可持续发展虽然源于环境保护问题,但作为一个指导人类面向 21 世纪的发展理论,它已经超越了单纯的环境保护理念。它将环境问题与发展问题有机地结合起来,已经成为一个有关经济社会发展的全面性战略。可持续发展理论有三大原则:公平性原则、持续性原则、共同性原则。

　　矿产资源的可持续发展取决于资源的可持续性。这并不意味着停止消耗不可再生资源,而是在不超过资源再生能力的条件下进行利用。同样地,达到平衡的废物排放也很重要。为了实现这个目标,储量保持动态平衡是必要条件,即不可再生的矿产资源消耗量要等于新增储量。矿产资源对国家经济的发展至关重要,因此,应该在国内和国际市场上进行优化配置,同时考虑矿产资源的综合利用、环境保护和安全措施。这意味着要发展绿色矿业,为子孙后代造福。因此,基于该理论,每个国家的进口和国内生产的矿物组合都应该在经济上有利可图,社会可以接受,并符合可持续发展原则。本书主张评估铝土矿的可利用性时全面考虑其对经济、社会、环境的综合影响,而不仅限于资源数量和经济利益,以便更全面、科学地研究。

　　2)可持续发展理论对矿产资源经济区划的指导作用

　　矿产资源不可或缺性和耗竭性之间的矛盾、开发矿产资源带来的经济利益与负面效应之间的矛盾,都要求我们在矿业经济区建设中用可持续发展理论作指导。制定矿业经济区建设规划时,必须运用可持续方式对矿产资源进行管理,计划用矿,适度开采,均衡利用,合理进行矿产资源的代际分配;必须开展矿产资源的综合利用,依靠科技进步,在提高矿产资源利用率的同时减少对环境的污染,实现人类社会对矿产资源的科学利用,最终达到可持续发展的目标,造福人类社会。为此,可持续发展理论对矿产资源经济区划的意义深远。

　　重要矿产资源可利用性研究的目的在于保护资源,提高资源的利用水平,确保资源的可持续供应,实现经济社会的可持续发展。在对重要矿产资源进行系统分析与评价的过程中,始终以可持续发展的思想和理论为导向。

2.1.3　资源经济学

　　资源经济学理论学者谷树忠认为:"资源经济学是关于资源开发、利用、保护和管理中经济因素和经济问题,以及资源与经济发展关系的科学;它研究资源稀缺及其测度、资源市场、资源价格及其评价、资源配置与规划、资源产权、资源核算、资源贸易、资源产业化管理等。"一方面,资源经济学的产生与发展以经济科学大家族的发展为基础,广泛运用生产经济学、福利经济学、产权经济学、市场经济学理论与方法;另一方面,资源经济学又有其特定的原理与方法。

1)最优耗用理论与霍特林定律

所谓最优耗用理论,是关于不可再生资源最优耗用速度和条件的理论。对此贡献最大的当属哈罗德·霍特林(Harold Hotelling)和罗伯特·索洛(Robert Solow)。达到资源最优耗用状态要具备两个条件:一是资源性产品价格等于资源性产品边际生产成本与资源影子价格之和,此时为资源最佳流量或最佳开采条件;二是随着时间推移,矿区使用费须以与利率相同的速率增长,即任何时点上资源的时间机会成本应为零,此为最佳存量条件,即霍特林定律。

2)资源稀缺及其度量的原理和指标

矿产资源是推动现代社会经济增长的基础,是在数千万甚至数亿年的时间内形成和富集的,虽然我们可以通过勘探找到它们,但是无法创造它们。这种不可再生性导致矿产资源相对有限和稀缺,因此需要合理地开发、利用和保护。除了不可再生性,矿产资源还具有储量有限、分布不均、隐蔽、多样和回收较困难等特点。全球已知的矿产有1 600多种,其中80多种得到了广泛应用。在使用或开采矿产资源时,需要关注它们的合理利用和节约使用,以确保可持续发展。尽管这些资源被广泛称为"有限",但它们的金属产量几十年来稳步增长。

资源(如耕地和石油)及资源性产品(如农产品和石化产品)的价格及价格指数,是测度资源稀缺状况的主要指标。价格高或价格指数增大,说明资源稀缺度高或稀缺度提高,反之,则说明资源稀缺度低或稀缺度降低。除此之外,资源性产品的生产成本、原位性资源(只能就地利用而不能移至他地再利用的资源)的租金(如地租和矿区使用费)等也是测度资源稀缺状况的重要指标。

3）资源估价与核算的原理和方法

资源估价是资源市场运作和资源有偿利用的基础,大致有五种方法,即收益资本化法、市场趋势法、市场比较法、竞价法、影子价格法等。资源核算是新近才出现的概念,是对一定时间和空间内的自然资源,在翔实统计、合理估价的基础上,从数量和价值量两方面,以账户等形式核实、测算其总量平衡和结构变化状况的过程。

4）资源代际分配原理

在资源经济学中,普遍认为贴现率的选取对资源的代际分配有着重要影响,并认为政府可以并且只能通过影响贴现率的选取过程,来影响资源的代际分配过程。通常,降低贴现率可减缓资源的耗用速度,从而为后代留有更多的资源基础。

2.1.4　产业经济学理论

产业经济学是一门新兴的经济学科,其研究对象是产业。产业经济学的研究内容主要包括产业发展、产业组织、产业结构、产业布局和产业政策等几方面理论。下面简要介绍前三种理论。

1）产业发展理论

产业发展理论就是研究产业发展过程中的发展规律、发展周期、影响因素、产业转移、资源配置、发展政策等问题,产业发展规律主要是指一个产业的诞生、成长、扩张、衰退、淘汰的各个发展阶段需要具备一些怎样的条件和环境,从而应该采取怎样的政策措施。对产业发展规律的研究有利于决策部门根据产业发展各个不同阶段的发展规律采取不同的产业政策,也有利于企业根据这些规律采取相应的发展战略。

2）产业组织理论

产业组织理论重点分析产业内企业与企业之间的竞争及垄断关系,是产业经济学的重要组成部分。产业组织的研究主要以竞争和垄断及规模经济的关系和矛盾为基本线索,主要解决产业内企业的规模经济效应与企业之间竞争活力的冲突问题。产业组织理论以价格理论为基础,通过对市场结构、市场行为和市场绩效之间互动关系的研究,探讨产业组织状况及其变动对资源配置效率的影响,为维持合理的市场秩序和经济效率提供依据。

3)产业结构理论

产业结构理论是以产业之间的技术经济联系及其联系方式为理论依据,主要研究产业之间的相互关系及其演化的规律性。产业结构理论的主要内容包括产业结构的演化规律,产业结构的合理化、高度化和优化的规律及其实现的途径等。产业结构与经济增长关系密切,产业结构的演进将促进经济总量的增长,经济总量的增长也将促进产业结构的加速演进,二者相互作用。只有正确把握产业结构演化规律,才能制定正确的产业政策,更好地发挥产业结构对经济发展的促进作用。

重要矿产资源可利用性研究,需要从矿产资源产业分析入手,重点研究产业链条上的上游产业结构优化问题,涉及布局合理性、组织完善性,以及资源开发效益与生态环境的融合性等。因此,对重要矿产资源可利用性研究需要以产业经济学的内部相关理论为基础支撑。

2.1.5 资源禀赋理论

埃里·赫克歇尔(Eli Heckscher)和波尔特尔·俄林(Bertil Ohlin)的资源禀赋理论被称为新古典贸易理论,其理论模型即赫克歇尔-俄林模型,简称 H-O 模型。在赫克歇尔和俄林看来,现实生产中投入的生产要素不仅包括劳动力,而且包括生产资料。根据资源禀赋理论,在一个国家或地区生产同一种产品的技术水平相同的情况下,两个国家或地区生产同一产品的价格差别来自产品的成本差别,这种成本差别来自生产过程中所使用的生产要素的价格差别,这种生产要素的价格差别则取决于一个国家或地区各种生产要素的相对丰裕程度,即相对禀赋差异,由此产生的价格差异导致了国际贸易和国际分工,以及区域贸易和区域分工。这种理论观点也被称为狭义的生产要素禀赋论。广义的生产要素禀赋理论指出,对于参加贸易的国家,在商品的市场价格、生产商品的生产要素的价格相等的情况下,在生产要素价格均等的前提下,在两国生产同一产品的技术水平相等(或生产同一产品的技术密集度相同)的情况下,国际贸易取决于各国生产要素的禀赋,各国的生产结构表现为,每个国家专门生产密集使用本国比较丰裕生产要素的商品。首先,矿产资源的开发效益具有"倍增效益",丰富的矿产资源一旦被开发利用,它的价值将成倍增加,能大大增强区域经济实力;其次,矿产资源的开发利用要有一定的经济社会基础和技术条件,这些经济社会基础和技术条件在区位条件不是很好的区域难以显现功用,会对矿产资源的利用造成一定的约束,有的甚至在当前技术经济条件下难以利用。

2.1.6　矿业循环经济理论

1966 年,美国经济学家 K. 波尔丁提出了"循环经济学说",强调人类经济活动中产生的废弃物必然存在,但若能将这些废弃物进行充分利用、再利用,便能够实现经济活动的循环状态,从而实现可持续发展。20 世纪 90 年代初,循环经济思想从国外引入我国,而矿业循环经济理论就是其研究领域之一。实行"减量化、资源化、再利用"原则是矿业循环经济的关键。尽管矿业领域是循环经济执行的首要领域,但某些矿区却未能展现循环经济的效力,这主要是因为循环经济受到体制、观念和技术等多方面的制约。开发矿产资源必须和谐发展循环经济,这是经济社会发展和矿业可持续发展的必然选择。时至今日,矿业发展存在四个核心问题:缺乏循环经济实践观念、循环经济法律建设滞后、缺乏循环经济规划和标准、循环经济技术创新落后。

为了推进矿业循环经济,我们需要重点关注和实施一些措施。具体而言,应积极推进矿石选冶过程中有用元素的综合回收和尾矿再利用示范工程,加强政策引导,同时建立激励和制约机制以促进有用元素综合回收和尾矿再利用。这样才能确保矿业循环经济的健康发展。

有 3 条行动路线可以实施,并应加以探索,以避免扼杀未来生态转型的路径。首先,更严格的立法和监管框架,符合循环经济的技术原则。行动路线的实施旨在回收关键矿物的设计和制造标准,并消除行政和法律障碍,以便废物可以成为原材料。第二,促进与循环经济相关的研究和开发,在公共部门和私营部门之间建立联盟,设立冶金厂以回收这些关键元素。最后,最大的挑战是将经济转变为不那么强迫和扩张的经济,优先考虑共享用途并探索需求控制政策。

2.1.7　资源型城市理论

2013 年,中华人民共和国国务院发布的《全国资源型城市可持续发展规划(2013—2020 年)》指出,资源型城市是以本地区矿产、森林等自然资源开采、加工为主导产业的城市,包括地级市、地区等地级行政区和县级市、县等县级行政区。这些城市是我国能源资源战略的重要基地,为国民经济的持续健康发展提供了重要支持。促进这些城市可持续发展,能促进经济发展方式的转变,实现小康社会目标,推进区域协调发展,推进新型工业化和城镇化,保障社会的和谐稳定,加快推进生态文明建设。

通常情况下,资源型城市的划分可以从 3 个方面来考虑:首先,是工业产值中超过 50% 的产出来自原始资源的开发,且该类初级产品在工业产值构成中占据绝对优势的城市;其次,是有超过 40% 的人口直接或间接从事同一种资源的开发、生产和经营活动的城市;最后,是其采选业产值占城市工业总产值超过10% 的城市。只有当满足上述任意一种情形时,才可将其归类为资源型城市。由于经济构成的相似性和城市的空间分布,资源型城市具备特定的经济特征,其中高度依赖资源是其显著特征。城市功能的双重属性,也使主导性企业常常呈现出二元性。但是资源型城市群对自然环境的破坏也不容忽视。

　　资源型城市需要建立长期稳定的机制促进可持续发展,但是这一过程并不容易。需要规范资源开发、加强监管和完善资源性产品价格形成机制,同时推动企业对生态、环境和安全等方面的主体责任,加强政策支持并推进资源收益分配改革。这对保障国家能源资源安全、促进新型工业化和城镇化、加强社会和谐以及建设更节约环保的社会都具有重要意义。现在,我国已经全面建成小康社会,因此,更加需要统筹规划、协调推进资源型城市的可持续发展。

2.2　重要矿产资源内涵分析

2.2.1　重要矿产资源的基本内涵

1)国外对重要矿产资源内涵的界定

　　以美国为例,其侧重于矿产资源的战略储备。2018 年,美国内政部公布了一份对美国经济和国家安全至关重要的"关键矿产清单"(Final List of Critical Minerals 2018),确定了 35 种矿产品为最终但非永久性清单,这 35 种战略性矿产包括了绝大多数的经济矿物,如铝(矾土)、铂族金属、稀土元素、锡、钛、钨等。美国对重要矿产资源的解释有两层含义:一是指在国家安全紧急状态下,供应美国军用、工业和民用所必需的原料;二是这些原料在美国不能以充足数量发现(或生产)来满足美国紧急状态下的需求,并且其可供性(或进口)易受到中断(或限制)。

　　战略性矿产资源的短缺需要考虑供应风险和替代性问题,这是影响划分战略性矿产的关键因素之一。美国认定的这些"关键矿物",是指对美国的经济和国家安全具有至关重要作用的非燃料矿物或矿物材料,其供应链容易受到破坏,缺乏后会对国家经济或国家安全产生重大影响。我国发布的"战略性矿产名录"同样也是基于这一系列因素考虑的。从全球总体态势来看,矿产资源总量充裕,按当前开采水平估算,绝大多数矿产储采比均高于 30,而且技术的不断进步全方位拓展了矿产资源开发利用的范畴和空间,极大地提高了全球矿产资源的可供能力。

2)国内对重要矿产资源内涵的界定

重要矿产资源不等同于大宗矿产资源和短缺矿产资源,矿产资源的重要性体现在政治、经济、国防等方面。

矿产资源国际竞争力是指一个国家占有矿产资源和影响、控制国际市场的总体能力。矿产资源国际竞争力是一个综合性指标,包括三方面内容:①资源禀赋优势;②市场控制力;③科技、管理支撑能力。

战略性矿产资源一般是根据矿产资源在本国经济和国防中的地位及作用、本国矿产资源状况、境外获取资源的难易程度来定义的,强调的是资源的经济和国防意义、获得资源的风险性以及获取资源的代价。

由于资源禀赋、全球资源市场供给形势等因素的影响,我国矿产资源供应结构性矛盾十分突出,战略性矿产资源勘探开发力度不够,多种大宗矿产资源保有储量面临开发殆尽的局面。目前,我国约 2/3 的战略性矿产需要进口,其中,石油、铁矿石、铬铁矿以及铜、铝、镍、钴、锆等,对外依存度已经超过 50%,锂、镍、钴等涉及新能源金属矿产对外依存度居高不下,矿业危机加剧的状况仍在持续。与此同时,国内矿产勘查市场萎缩、勘查开发活力不足、科技支撑力度不强等问题仍是矿产资源领域的难点。中国是全球矿产资源消费大国,目前年消费水平与美国、日本等发达经济体的消费总和相当,其中煤炭、铁矿石、铜、铝、镍等消费占全球一半以上。随着新一代信息技术、高端装备制造等战略性新兴产业的快速发展,我国战略性矿产的需求仍将维持在高位态势,特别是一些用量较小的战略性矿产(如稀土、钴、锂等),其需求还将快速增长。因此,我国矿产资源保障面临的形势十分严峻。

2016 年 11 月,由国土资源部(现为自然资源部)会同国家发改委、工信部、财政部、环境部(现为生态环境部)、商务部组织编制、发布的《全国矿产资源规划(2016—2020 年)》,首次将 24 种矿产列入战略性矿产目录。战略性矿产国内找矿行动"十四五"实施方案,将 36 种矿种列入战略性矿产目录,铝土矿是战略性矿种之一。

而重要矿产资源则是指某种与其他矿产资源相比,在国民经济发展过程中所处的地位比较高,或者其所具有的创造财富的能力较大、影响力较强的矿产资源。重要矿产资源是一个相对概念,存在于一定时间与空间范围内,在比较中产生和存在。矿产资源重要性的大小只是被评价的矿产资源内部的相对比较,会因评价参照对象的改变而发生变化。此界定的特点是注重相对性与参照性。

3)我国政府的相关规定

1998 年 2 月 12 日,国务院发布了《矿产资源开采登记管理办法》(国务院令第 241 号);2001 年,国土资源部发布了《关于进一步治理整顿矿产资源管理秩序的意见》;2011 年 11 月 3 日,国务院发布了《国务院办公厅转发国土资源部关于进一步治理整顿矿产资源管理秩序意见的通知》(国办发〔2001〕85 号),列出了 34 种由国务院审批、登记、发证的重要矿产目录(表 2.1)。

表 2.1　34 种重要矿产目录

序　号	矿　种	序　号	矿　种	序　号	矿　种
1	煤	13	铬	25	稀土
2	石油	14	钴	26	磷
3	油页岩	15	铁	27	钾
4	烃类天然气	16	铜	28	硫
5	二氧化碳气	17	铅	29	锶
6	煤成(层)气	18	锌	30	金刚石
7	地热	19	铝	31	铌
8	放射性矿产	20	镍	32	钽
9	金	21	钨	33	石棉
10	银	22	锡	34	矿泉水
11	铂	23	锑		
12	锰	24	钼		

4）内涵确定

综上所述,重要矿产资源是指在特定国家或区域内,更具有经济、政治和国防等重要性,或在某种程度上具有排他性等特殊属性的矿产资源。根据以上分析,本书所研究的重要矿产资源以 36 个战略性矿种为依据,在综合研究的基础上,针对重庆市南川区大佛岩-川洞湾铝土矿区典型矿种典型矿区作具体研究,其目的一是立典型、出规律、找方法,二是更具有针对性,以点立面,试点推广,逐步完善研究。

2.2.2　重要矿产资源的基本属性

1）自然属性

（1）隐藏与不确定性。一般情况下,矿产资源隐藏在地表以下,直至深处,需要用专业的技术方法进行探测,才能确定赋存的空间大小和时间跨度,进而确定资源品质等。同时,这是一个逐步加深认识的过程,当中存在很大的不确定性。

（2）稀缺性与耗竭性。矿产资源是通过多年的地质作用形成的,在短期内不可能再次形成,存在明显的稀缺性。当然,矿产资源的稀缺性是相对的,表现形式有:①阶段性稀缺;②区域性稀缺;③结构性稀缺。发现矿产资源后,在其开发过程中是以消耗的形式对其作用,不可还原或再生。

2）社会属性

（1）经济重要性。矿产资源是国民经济发展的基础物质资料,我国 95% 以上的一次能源和 80% 以上的工业原材料源于矿业,70% 的 GDP 依靠矿业运转,尤其是煤、铁、铝、铜等大宗矿产,一直以来都是国家工业与民用发展的基础支撑,发挥着不可替代的作用。总之,矿产资源在经济上发挥着重要的支撑作用,为经济社会的发展提供着突出的基础性保障,是重要矿产资源社会属性的重要指标之一。

(2)政治重要性。世界上的矿产资源分布不均,而且各国对矿产资源的需求不平衡,加上不同的地缘政治格局,矿产资源往往会成为国家与国家之间的政治博弈筹码。国家与国家之间的经济交往,往往会从矿产资源的合作、贸易等经济层面上升到政治层面,进一步体现出资源的重要性与稀缺性。由此认为,矿产资源在国家外交博弈中发挥着重要支撑作用,是相关外交博弈的重要手段。

(3)国防重要性。矿产资源在国防中的重要性主要体现在两个方面:①矿产资源可作为制造国防武器的原材料,是物质基础;②矿产资源是国家之间国防力量对比的目标体现之一。世界上的主要国际争端,都与矿产资源争夺密切相关。国家通过国防力量作用,保护并占有矿产资源,为本国经济社会发展提供基础保障。可以认为,矿产资源在国防方面体现出了相当的重要性,具有突出战略意义,是重要矿产资源社会属性的主要内涵之一。

3)特殊属性

(1)开发垄断与政府主导特性。有些重要矿产资源在投资开发过程中,面对市场,可能没有较强的竞争力,但会影响社会企业的投资积极性,进而影响国家相关发展战略目标的实现。但是,作为国家政府部门,仍然要为国家的宏观战略服务,对所涉及的重要矿产资源必须进行宏观配置,合理调控资源开发的时间与空间布局。因此,在对其开发过程中往往存在较为明显的国家意志,体现出政府主导的特性,并可能带来一定程度上的垄断特质。

(2)突出的战略特性。重要矿产资源一般在经济与国防中占有重要地位,这在很大程度上与战略矿产资源的内涵相统一,相互之间有很大的共通性。如石油资源,其具有经济重要性,应属重要矿产资源,同样,其也属战略性矿产资源范畴。又如稀土资源,其在国防科技工业中具有重要地位,同时也是"工业味精",在民用工业发展中占有重要地位,属于重要矿产资源。因此,一般情况下重要矿产资源具有突出的战略特性。

综上所述,重要矿产资源的发展是多元的,既有内在性,也有外延性;它是人与自然相互作用的结果,从长远看,具有动态特性。随着人类认识的进步和科技与文明的发展,对重要矿产资源属性的界定会更加系统、全面。

第3章　研究区基本情况

3.1　地理与环境

3.1.1　交通位置

研究区位于南川区城东直线距离约 28 km 处的川洞湾、灰河、大土、大佛岩、吴家湾等地,东至土坪、梁子上,西至大包顶、川洞湾、陡偏山,南到和尚岩、长田、大佛岩,北到堖垭口、大屋基、白果园一线;地理东经 107°19′15″ ~ 107°23′45″、北纬 29°12′30″ ~ 29°17′03″;面积约 50 km²。研究区属南川区水江镇所辖(图 3.1)。

国道 G353 从研究区北西侧穿过,区内各矿段均有矿山公路至乐村,县道 X254 通过研究区中部,与国道 G353 相连。乐村沿国道 G353 向西行 13 km 可达水江镇。乐村向西行 56 km 经水江至南川,与南(川)万(盛)铁路相连,向东行 54 km 经长坝至武隆白马与乌江水运及渝怀铁路相连。包茂高速公路从南川、水江、白马通过,距研究区直线距离约 6 km;南(川)涪(陵)铁路距研究区直线距离约 7 km;在建的渝湘复线高速距研究区直线距离约 4 km。因此,研究区交通极为便利。

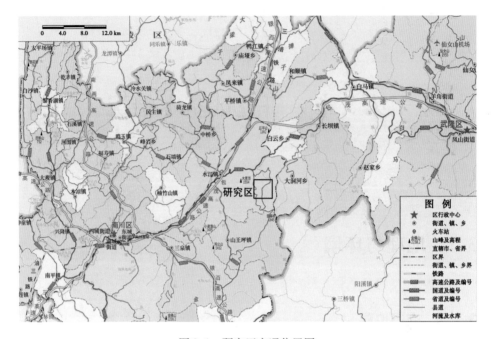

图 3.1　研究区交通位置图

3.1.2　自然地理及经济概况

1）地形地貌

研究区位于四川盆地东南缘,大娄山脉西侧一带山地,山脉蜿蜒,沟谷深切,山脉走向与区域构造线基本一致,呈北东—南西向展布,最高海拔(大佛岩)1 835.30 m,最低海拔(灰河沟)650.00 m,相对高差500～1 185 m,属中山中深切割区。

2）气象

区内气候温和,雨量充沛,四季分明。云雾多,日照少,绵雨多,湿度大,无霜期长。年均气温20 ℃左右,最高43.8 ℃(2006 年 8 月 15 日),极端最低气温为-3.7 ℃(1975 年 1 月 2 日);年平均降雨量1 170.2 mm,主要集中在 5—8 月,每年 3—5 月、9—11 月为梅雨多雾期,6—9 月为炎热暴雨期,12 月—次年 2 月为冰冻霜雪期。风速变化甚剧,最大风速可达 6 m/s,风向多偏南西向。

3) 社会经济概况

区内人多地少,经济不够发达,劳动力资源丰富,就业矛盾较为突出,劳动力价格较低。区内以农业为主,主产玉米、水稻、小麦、红苕、土豆等,粮食产量自给有余。经济作物以竹木、笋子为主,兼有少量党参、黄连等药材。区内矿产资源丰富,主要有铝土矿、硬质耐火黏土、铁矾土、煤、石灰岩等矿种。煤矿采矿历史悠久,有较多的集体煤矿和个体小煤窑,不少地方有采煤遗迹,但目前由于政策因素煤矿企业已全部关停。近些年来,由于铝土矿找矿的重大突破,研究区周边已勘查评价出多个大中型铝土矿,南川博赛矿业(集团)有限公司现已形成年产 15 万 t 氧化铝的生产能力,中国铝业集团投资的南川水江 80 万 t 氧化铝厂已建成投产,极大地带动了区内经济的发展。石灰岩矿主要提供区内水泥原料、建筑材料和饰面石材等。

3.1.3　供水、供电

南川区境内已有数个中小型水电及火电厂,其周边还有彭水水电站、武隆江口水电站等大中型水电站,电力资源丰富,完全可满足矿山生产、生活用电。

研究区水源一般。当地居民用水多来自溶洞水、泉水及灰河沟中的流水。灰河沟常年流水不断,枯水季节流量也在 81 m^3/s 以上。此外,灰河沟上游及川洞湾各有一个小型水库,可满足矿山生活、生产用水。

3.1.4　地震情况

中国地震局 2015 年发布的《中国地震动参数区划图》(GB 18306—2015)显示,该区地震基本烈度为 Ⅵ 度,地震动峰值加速度 0.05g,地震动反应谱特征周期 0.35 s。区内二叠系灰岩分布广泛,沟谷地带常形成几十上百米高的陡崖,是危岩分布及崩塌等地质灾害的高发地带;志留系页岩常形成斜坡,是滑坡等地质灾害的多发地带。

3.1.5　生态与环境

　　研究区内开展了生态保护红线、永久基本农田、城镇开发边界、自然保护地（自然保护区、国家公园、自然公园）、公益林等重要功能区重叠情况调查,研究区与生态保护红线、永久基本农田、城镇开发边界、自然保护地和公益林均有不同程度的重叠,具体如下。

　　生态保护红线与自然保护地存在一定差别。整体上讲,生态保护红线的范围更具有系统性和完整性,保护对象更全面,管理更严格,对维护国家生态安全,遏制生态系统退化,维护和提升生态功能具有更强的作用。研究区与生态保护红线重叠的铝土矿资源量约为 5 748.449 万 t,与生态保护红线重叠的面积为 2.78 km^2,占比为 5.67%;其中,大部分重叠范围为"生态保护红线-生物多样性维护"生态保护红线(图 3.2)。

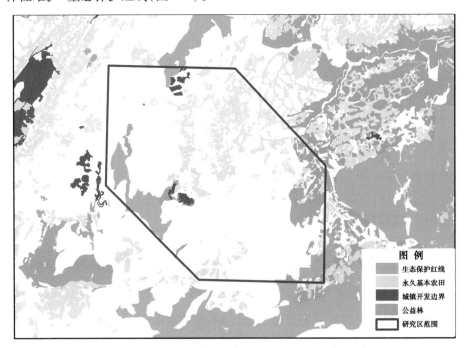

图 3.2　研究区与重要功能区重叠情况

研究区与永久基本农田重叠面积为 4.65 km^2，占比为 9.30%；与城镇开发边界重叠面积为 0.47 km^2，占比为 0.93%；与自然保护地重叠面积为 1.52 km^2，占比为 3.04%；与公益林重叠面积为 2.05 km^2，占比为 4.10%。综上所述，与重要功能区总重叠面积为 8.69 km^2，总占比为 17.38%。

从地理位置来看，研究区周边旅游业相对较发达，自然保护区和生态涵养区较为丰富，主要发展旅游业，铝土矿实际开采开发过程中均避开了生态保护红线，有效防止了矿产开采开发过程中对生态环境的破坏。

3.2　矿山建设历史

研究区由四个勘查区块，即大佛岩深部外延铝土矿、南川区大佛岩-川洞湾铝土矿、大佛岩深部外延铝土矿和南川区川洞湾-灰河-大佛岩铝土矿组成，区块之间有部分重叠。从地质构造来分析，研究区的区块处于同一构造单元，故整体命名为南川区大佛岩-川洞湾铝土矿区。

研究区内曾设有四个采矿权，均已于 2022 年底全部注销。采矿权名称分别为：中国铝业股份有限公司重庆分公司重庆市南川大土铝土矿（简称"大土铝土矿"）、中国铝业股份有限公司重庆分公司大佛岩铝土矿（简称"大佛岩铝土矿"）、中国铝业股份有限公司重庆分公司重庆市南川川洞湾铝土矿（简称"川洞湾铝土矿"）、中国铝业股份有限公司重庆分公司重庆市南川灰河铝土矿（简称"灰河铝土矿"）。无批复压覆情况。

1）大土铝土矿

重庆市南川大土铝土矿隶属于中国铝业股份有限公司重庆分公司，生产能力 36.3 万 t/年，中型规模，矿区面积 2.207 4 km^2，开采标高 +900 ～ -100 m。

2006 年，中国铝业股份有限公司为了解矿区范围内资源储量，委托重庆市地勘局 107 地质队对矿山开展调查评价，并编制《重庆南川市大土铝土矿占用矿产资源储量说明书》,并于 2006 年 9 月 16 日以渝地矿协储占审字〔2006〕169 号文通过审查。大土铝土矿采矿权开采矿种为铝土矿,矿山开采方式为地下开采,开拓方式为平硐+暗斜井,凿岩爆破落矿,人工装车,电机车运输,从矿井大巷直接由电机车把矿石运送至氧化铝厂。2007—2020 年,大土铝土矿经过 13 年的开采,累计消耗矿石量 7.75 万 t。矿山回采率为 85.78%,开采贫化率为 5.95%,采矿损失率为 14.22%。自 2013 年底起,受进口铝土矿石冲击,加上销售价格不理想,大土铝土矿一直停产,采矿权许可证已于 2022 年底注销。

2)大佛岩铝土矿

大佛岩铝土矿隶属于中国铝业股份有限公司重庆分公司,生产能力 30 万 t/年,中型规模,矿区面积 8.043 6 km²,开采标高+1 715 ~ +800 m。

2006 年,中国铝业股份有限公司为了解矿区范围内资源储量,委托重庆市地勘局 107 地质队对矿山开展调查评价,并编制《重庆南川市大佛岩铝土矿占用矿产资源储量说明书》,并于 2006 年 9 月 16 日以渝地矿协储占审字〔2006〕167 号文通过审查。大佛岩铝土矿采矿权开采矿种为铝土矿,矿山开采方式为地下开采,开拓方式为平硐+暗斜井,凿岩爆破落矿,人工装车,电机车运输,从矿井大巷直接由电机车把矿石运送至氧化铝厂。2007—2020 年,大佛岩铝土矿经过 13 年的开采,累计消耗矿石量 301.8 万 t。矿山回采率为 88%。矿山自 2008 年开始生产,至 2013 底,由于市场行情及销售价格不理想,便一直停产;2014—2019 年与重庆市博赛矿业(集团)有限公司合作,零星开采少量资源,但受进口铝土矿石冲击,加上销售价格不理想,采矿权许可证已于 2022 年底注销。

3)川洞湾铝土矿

南川川洞湾铝土矿隶属于中国铝业股份有限公司重庆分公司,生产规模 13.20 万 t/年,小型规模,矿区面积 6.380 9 km²,开采标高 +900 ~ −100 m。

2006 年,中国铝业股份有限公司为了解矿区范围内资源储量,委托重庆市地勘局 107 地质队对矿山开展调查评价,并编制《重庆南川市川洞湾铝土矿占用矿产资源储量说明书》,并于 2006 年 9 月 16 日以渝地矿协储占审字〔2006〕168 号文通过审查。川洞湾铝土矿采矿权开采矿种为铝土矿,矿山开采方式为地下开采,开拓方式为平硐+暗斜井,凿岩爆破落矿,人工装车,电机车运输,从矿井大巷直接由电机车把矿石运送至氧化铝厂。2007—2016 年,川洞湾铝土矿经过 9 年的开采,累计消耗矿石量 31.87 万 t。矿山回采率为 48.47%,开采贫化率为 2.51%,采矿损失率为 51.53%。2014—2016 年,受进口铝土矿石冲击,加上销售价格不理想,一直停产,2016 年采矿权到期未延续,采矿权许可证已注销。

4)灰河铝土矿

南川灰河铝土矿隶属于中国铝业股份有限公司重庆分公司,生产规模29.70 万 t/年,小型规模,矿区面积 4.350 8 km²,开采标高+1 700 ~ 0 m。

2006 年,中国铝业股份有限公司为了解矿区范围内资源储量,委托重庆市地勘局 107 地质队对矿山开展调查评价,并编制《重庆南川市灰河铝土矿占用矿产资源储量说明书》,于 2006 年 9 月 16 日以渝地矿协储占审字〔2006〕170 号文通过审查。灰河铝土矿采矿权开采矿种为铝土矿,矿山开采方式为地下开采,开拓方式为平硐+暗斜井,凿岩爆破落矿,人工装车,电机车运输,从矿井大巷直接由电机车把矿石运送至氧化铝厂。2007—2016 年,灰河铝土矿经过九年的开采,累计消耗矿石量 16.9 万 t。矿山回采率为 73.61%,开采贫化率为13.07%,采矿损失率为26.39%。2013 年底—2016 年,由于市场行情及销售价格不理想,便一直停产,2016 年采矿权到期未延续,采矿权许可证已注销。

第4章 矿床地质

区域大地构造位置位于扬子陆块区川中前陆盆地（Mz）、扬子陆块南部碳酸盐台地（Pz）与上扬子东南缘被动边缘盆地（Pz1）交汇处（图4.1），属金佛山穹褶束之次级构造长坝向斜一带。大佛岩-川洞湾铝土矿区位于黔中—渝南铝土矿成矿带之道真铝土矿带内（图4.2），其中金佛山隆褶带为渝东南地区铝土矿集中分布带。黔中—渝南铝土矿成矿带内分布着贵州清镇-修文、息烽-遵义和黔北-渝南3个沉积区，典型矿床包括重庆南川区大佛岩-川洞湾铝土矿区、武隆区申基坪铝土矿以及贵州务川瓦厂坪、大竹园、道真新民大型铝土矿矿床等。按全国铝土矿成矿区带划分方案，研究区位于渝南—黔中古生代、中生代铁、汞、锰、铝成矿带万盛-南川铝煤硫成矿亚带之南川-武隆铝土矿成矿带。

根据《全国重要矿产资源潜力预测评价》"西南片区矿产预测汇总研究"中的Ⅰ、Ⅱ、Ⅲ级成矿区带划分及重庆市成矿区带划分方案，研究区位于滨太平洋成矿域（Ⅰ4）—上扬子成矿亚省（Ⅱ-15B）—上扬子中东部（坳褶带）磷-铝土矿-硫铁矿煤-煤层气成矿带（Ⅲ-77）—万盛-南川铝煤硫成矿带（Ⅳ-6）—南川-武隆铝土矿成矿带（Ⅴ-6-2）内，该带内在重庆南川—武隆一带相继发现一批大中型的铝土矿床，处于极为有利的成矿环境（图4.3）。

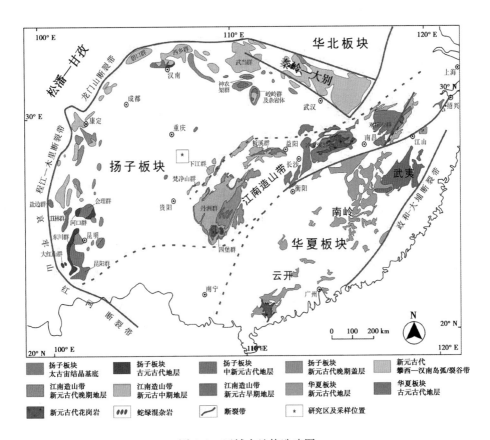

图 4.1 区域大地构造略图

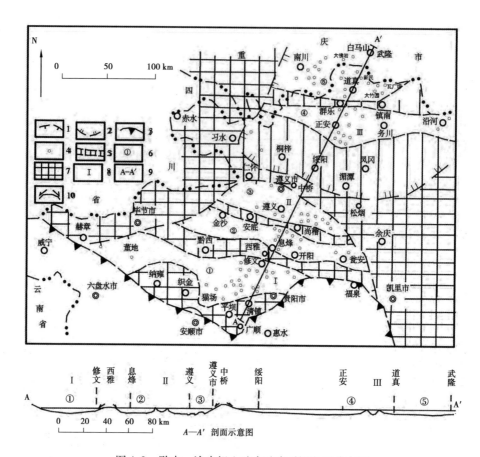

图4.2　黔中—渝南铝土矿含矿岩系沉积区分布图

1—九架炉组分布区(推测边界);2—大竹园组分布区(推测边界);3—石炭纪海相地层分布区(推测边界);4—铝土矿床、点;5—基本无矿带;6—铝土矿带编号:①修文铝土矿带,②息烽铝土矿带,③遵义铝土矿带,④正安铝土矿带,⑤道真铝土矿带;7—侵蚀、溶蚀、剥蚀区;8—含矿岩系沉积区编号:Ⅰ 修文沉积区,Ⅱ 息烽-遵义沉积区,Ⅲ 绥阳-正安-道真沉积区;9—A—A′剖面示意图位置;10—红土风化壳物质搬运方向

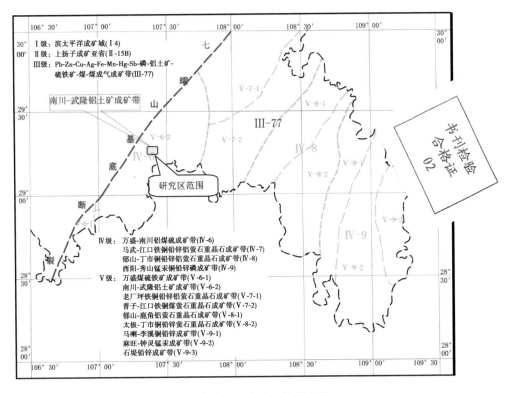

图 4.3　渝东南地区成矿区带划分图

4.1　区域地质背景

4.1.1　区域地层

　　区域出露大面积沉积岩地层,其中泥盆系、石炭系地层局部零星出露,而志留系上统在重庆及周边区域缺失,其余地层从寒武系下统清虚洞组至侏罗系上统蓬莱镇组均有出露,第四系零星分布。各地层及岩性组合、接触关系见区域地层简表(表4.1)。

表 4.1 区域地层简表

系	统	组	代号	厚度/m	岩 性
第四系			Q	0~16	坡积、残积或崩塌堆积的浮土夹块石
侏罗系	下统	珍珠冲组	J_1z	202.15	紫红、黄灰色薄至中厚层泥岩夹少量石英粉砂岩及岩屑石英砂岩,石英砂岩、铁质石英细砂岩;局部夹铁矿层
三叠系	上统	须家河组	T_3x	188.00	灰白、黄灰色中厚~块状岩屑石英砂岩石为主,间夹有机质页岩及薄煤层、菱铁矿层
	中统	雷口坡组	T_2l	203~600	灰色薄至中厚层泥质灰岩(白云岩)、紫红色白云质泥岩、粉砂质页岩为主,间夹粉砂岩、白云岩、灰岩;底为水云母凝灰岩
三叠系	下统	嘉陵江组	T_1j	350~420	浅灰色薄~中厚层状灰岩、白云质灰岩、白云岩、岩溶角砾岩
		飞仙关组	T_1f	340~386	灰色薄~中厚层泥质灰岩间夹页岩,底为杂色页岩
二叠系	上统	长兴组	P_3c	52~67	灰色厚层块状含大块燧石灰岩
		龙潭组	P_3l	98~143	顶部为粉砂质页岩,上部及中下部为灰色中厚层含大块燧石灰岩,中部为深灰色粉砂质页岩夹薄层粉砂岩,底部为黏土岩夹薄煤层
	中统	茅口组	P_2m	301~368	灰色中~厚层含大块燧石灰岩、中下部夹沥青质生物屑灰岩及钙滑石质页岩
		栖霞组	P_2q	70~106	深灰色厚层状含大块燧石灰岩夹沥青质生物屑灰岩
		梁山组	P_2l	2~13	由上至下分别为:黑色炭质页岩,灰白~深灰色铝土岩、铝土矿,灰、深灰、灰绿色黏土岩
石炭系	上统	黄龙组	C_2h	0~5	浅灰~灰白、紫灰色结晶灰岩、角砾状灰岩局部出露

续表

系	统	组	代号	厚度/m	岩　性
志留系	下统	韩家店组	S_1h	374~481	灰绿、黄灰色页岩、粉砂岩夹灰岩透镜体
		小河坝组	S_1x	128~195	灰绿色粉砂岩夹页岩
		龙马溪组	S_1l	238~407	黄灰色页岩、粉砂质页岩夹灰岩透镜体,底为黑色页岩
奥陶系	上统	五峰组	O_3w	4~8.6	含碳硅质岩及岩硅质页岩
		临湘组	O_3l	2~3	浅灰色薄~中厚层含泥瘤状灰岩
	中统	宝塔组	O_3b	23~34	灰色中~厚状层干裂纹灰岩
		牯牛潭组	O_3g	9~17	灰色厚层块状灰岩
	下统	大湾组	O_1d	208~317	黄绿色粉砂质页岩、粉砂岩,中部为瘤状灰岩
		红花园组	O_1h	60~74	灰色薄~中厚层灰岩、生物屑灰岩,含燧石团块及条带
		桐梓组	O_1t	140~157	灰色中~厚层灰岩、白云岩、底夹页岩
寒武系	上统	毛田组	$\in_3m$	122~242	灰色中厚层白云岩夹灰岩、含燧石团块
		后坝组	$\in_3h$	318~379	灰、深灰色中厚块状白云岩,具角砾状、孔洞构造
	中统	平井组	$\in_2p$	393~442	灰色中厚层白云岩、白云质灰岩,底为细粒长石石英砂岩
		石冷水组	$\in_2s$	211	灰色薄~中厚层白云岩,局部含石盐假晶
		高台组	$\in_2g$	66~75	上部为灰色厚层白云岩,下部为绿灰色页岩、粉砂岩
	下统	清虚洞组	$\in_1q$	>150	灰色薄~厚层状白云岩、泥质白云岩、灰岩

4.1.2　区域构造

区内构造定形于印支—燕山期,喜马拉雅山期仍有活动,以浅层褶皱构造为主。构造形迹主要为一系列北东向、北北东向的线状褶皱带、断裂(图4.4)。

区域主要构造如下:

长坝向斜:为区内主要褶皱,轴向 N45°E,南西起于矿区南部陡偏山,往北东经长坝、白马至中角尖一带消失,全长约 48 km。核部最新地层为侏罗系,两翼渐老,依次为三叠系、二叠系,最老为志留系中统地层。向斜较为宽缓开阔,南东翼倾角20°~35°,北西翼为30°~45°。矿区内长约 3 km,为其南西扬起端。

大矸坝逆冲断层:为区域上的Ⅳ级构造单元——金佛山穹褶束与武隆凹褶束之分界。南东起于贵州省黄家槽,往北西经平胜—大矸坝—庙坝至川洞湾—乐村—玉掌花梁子一线后继续往北向延伸,全长约 55 km,断层走向 N25°E,倾向 SE,倾角南段较缓约25°,向北逐渐变陡至50°~60°。断面较光滑,具有舒缓波状的特征。断裂带内常见糜棱岩化、角砾岩化,劈理、片理面较发育,其两侧岩石破碎。断距中段较大,超过 600 m,两端逐渐变小。上盘地层志留系韩家店组、下二叠统梁山组向西斜冲于中二叠统栖霞、茅口组灰岩之上,将梁山组含矿岩系断开位移 200~550 m,因上盘斜冲而形成一系列牵引褶曲。该断层以压性为主,并具有反时针扭动的特征。

4.1.3　区域矿产

1)矿产概述

铝土矿为区域内主要矿产。此外尚有煤、铁、黄铁矿、耐火黏土、含钾岩石、铜、铅、锌、萤石、重晶石等矿产。

外生矿产严格受地层层位控制。煤、黄铁矿产于上二叠统龙潭组及中二叠统梁山组地层内;铝土矿、耐火黏土产于中二叠统梁山组地层中;铁分别产于二叠系梁山组、龙潭组及侏罗系珍珠冲组第一段内;含钾岩石主要产于下奥陶系下统桐梓组内及中三叠统雷口坡组底部。

内生矿产均属中、低温热液型,主要受地层层位与构造的双重控制,一般规模较小。铜、铅、锌常产于中、上寒武地层中的北西向断裂或层间裂隙破碎带中,萤石、重晶石产于下奥陶系下桐梓组、红花园组地层中的北西向裂隙及断裂中。

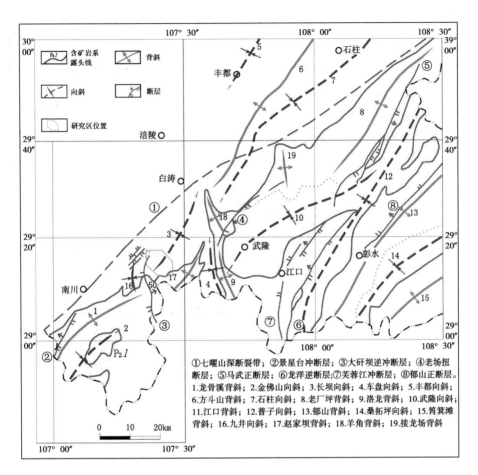

图 4.4　区域构造纲要图

2）铝土矿分布

铝土矿主要分布在渝东南的南川、武隆、黔江、彭水、石柱等区县,面积约
6 600 km²。渝东南地区已发现 51 个铝土矿床(点)(图 4.5),其中 2 个为大型
矿床,中、小型矿床 21 个,其余均为小型以下,累计查明资源总量约 1.56 亿 t,
保有资源量 1.43 亿 t(截至 2022 年底),排名全国第 5 位。

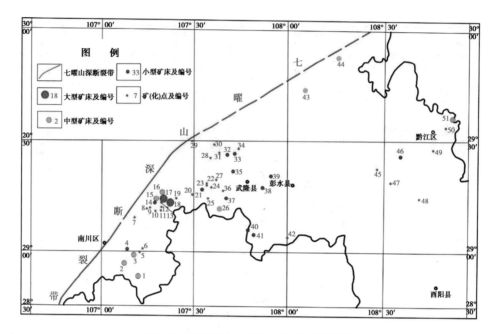

图4.5　重庆市铝土矿床(点)分布示意图

4.2　矿区地质

4.2.1　地层

南川区大佛岩-川洞湾铝土矿区地层中可见到志留系下统韩家店组,石炭系中统黄龙组的很少一部分,二叠系下统梁山组、中统栖霞组、茅口组,上统龙潭组、长兴组以及三叠系下统飞仙关组、嘉陵江组,这个地区却没有出现泥盆系、志留系上统和石炭系下、上统等地层,第四系零星分布。其岩性特征由老至新为:

①志留系下统韩家店组(S_1h):该层是矿区年代相对最老的地层,岩性多为灰色、灰绿色和紫灰色的粉砂质页岩,偶尔会见到一些薄层状粉砂岩或灰岩。主要产出王冠三叶虫、石燕以及腕足类的化石,属于浅海碎屑岩石。分布区域包括吴家湾矿段的北西侧(吴家湾背斜核部)以及川洞湾、灰河到大佛岩矿段的

南侧。层厚大于150 m,与上覆石炭系黄龙组、二叠系梁山组呈假整合接触。

②石炭系中统黄龙组(C_2h):该层是具有规律性层状分布的多种颜色透镜状构造的岩石,包含灰色、灰白色以及紫灰色结晶灰岩和砾状、角砾状的碎裂灰岩,在地质学上被归类为浅海相碳酸盐岩构成的岩石残留体。层厚0~7.98 m,与上覆地层梁山组呈假整合接触。

1)二叠系

(1)下统梁山组(P_1l)

铝土矿赋矿地层,从下往上依次是:下部是小透镜状、串珠状页状黏土岩及褐铁矿、绿泥石黏土岩、鲕绿泥石、鳞绿泥石黏土岩、高岭石黏土岩,常含有机质和植物碎片以及黄铁矿团块,有时还有透镜状菱铁矿或赤铁矿;中部是致密状、土状、土豆状、致密豆状、砾屑状铝土矿;上部是灰色到深灰色铝土岩和黏土岩,而顶部是黑色炭质页岩。层厚4.18~13.72 m,与下伏志留系韩家店组粉砂质页岩多无明显界面,呈假整合过渡接触,属近海岸温暖潮湿气候条件下古风化壳残积与还原环境下的陆相沼泽沉积建造。与上覆地层呈整合接触。

(2)中统栖霞组(P_2q)

第一岩性段(P_2q^1):可分为上、中、下三个部分。上部是灰黑色薄至中厚层状沥青质生物碎屑灰岩,与其相邻岩性是深灰色中厚层状粉屑生物微晶灰岩;中下部一般有一层厚度为0~2 m的沥青质生物碎屑灰岩,其构造劈理较发育,劈理间常充填方解石细脉,并具有小揉皱和挠曲现象;下部由深灰色的中厚层状粉屑生物微晶灰岩与灰黑色的薄至中厚层状沥青质生物碎屑灰岩交替分布,呈现眼球状构造,部分区域还夹杂有燧石条带或团块的灰黑色中厚层状硅化灰岩。层厚5.76~37.18 m。

第二岩性段(P_2q^2):为深灰色厚层状生物微晶灰岩,夹杂着少量灰黑色沥青质生物屑灰岩,并呈现瘤状构造,含有少量燧石结核。该岩石内部常见的生物化石有腕足、瓣鳃、有孔虫、介形虫、腹足等,同时也含有少量的苔藓虫、海百合茎、棘皮等生物,属于低盐度、静水浅海相碳酸盐岩地质构造。层厚48.21~104.27 m,与上覆地层呈整合接触。

（3）中统茅口组（P_2m）

第一岩性段（P_2m^1）：下部为灰黑色薄~中厚层状沥青质生物屑灰岩夹深灰色薄~中厚层状粉屑生物微晶灰岩，具眼球状构造，含有少量燧石团块及结核；中上部为浅灰至灰白色厚层块状砂屑生物微晶灰岩，顶部为灰~深灰色中厚层状粉屑生物微晶灰岩夹少量灰黑色薄层状沥青质生物屑灰岩，含有少量燧石团块及结核。层厚 24.89~60.86 m。

第二岩性段（P_2m^2）：下部主要由灰黑色的钙滑石型页岩和一些薄到中等厚度的灰色层状的微晶灰岩组成；而上部则由深灰色微晶灰岩和灰黑色钙滑石型页岩相间组成。这些钙滑石型页岩块状分布，宽度为 0.5~2 cm。层厚 36.39~59.01 m。

第三岩性段（P_2m^3）：为一套深灰色中厚~厚层状粉屑生物微晶灰岩夹黑灰色薄~中厚层状沥青质生物屑灰岩。粉屑生物微晶灰岩与沥青质生物屑灰岩之间层理不明显，多呈花斑状产出。底部沥青质生物屑灰岩相对较少；中下部沥青质生物屑灰岩中常含较多条带状、团块状顺层分布的黑色钙滑石（大小 0.5 cm×1 cm~1 cm×8 cm）；顶部一般夹黑色燧石团块及条带。层厚 69.62~178.92 m。

第四、五岩性段（P_2m^{4+5}）：下部为灰色~浅灰色厚层~块状粉、砂屑生物微晶灰岩，偶夹不规则沥青质条带，底部 10 m 左右常含较多不规则白云质团块，风化表面呈豹皮状（突起）；上部为灰色中厚~厚层状粉屑、砂屑生物微晶灰岩，间夹少量灰黑色沥青质或炭质条带。中上部常含较多燧石条带及团块。层厚 89.45~146.16 m。

该岩组与栖霞组在区内常构成二叠系陡崖，与二叠系上统龙潭组呈假整合接触。古生物化石主要有绿藻、有孔虫、珊瑚、介形虫、腕足、腹足、苔藓虫、棘皮、筵等，为一套浅海相碳酸盐岩建造。在第二岩性段时期，出现较多的绿藻，表明海水曾一度变浅，趋于碱性，海水中硅、镁离子含量增高，交代生物屑及基质形成钙滑石质页岩。与上覆地层呈假整合接触。

（4）上统长兴组（P_3c）

由深灰色中~厚层状粉屑生物微晶灰岩和少量灰黑色薄层状沥青质生物碎屑灰岩组成，含有燧石团块及结核。上部是灰、浅灰色厚层块状粉屑生物微晶灰岩,表面有不规则的疙瘩状风化面,有溶孔、溶沟,同时也含有少量灰黑色燧石团块。这种岩石主要包含一些生物化石如绿藻、腕足、腹足、有孔虫、介形虫、䗴、苔藓虫、棘皮、海百合茎等。它属于一种浅海生态环境下的碳酸盐岩。层厚 52~117.86 m。与上覆地层呈假整合接触。

2)三叠系

(1)下统飞仙关组(T_1f)

底部为灰、黄灰、灰绿色页岩夹灰、浅灰色薄层状泥灰岩;中下部为灰、浅灰色薄~中厚层状泥灰岩,往上泥质逐渐减少,渐变为泥质灰岩及灰岩;中上部为紫灰、暗紫红色页岩与灰色中厚层状泥质灰岩两套岩性交替出露;顶部为暗紫红、黄灰色页岩,页理清晰。层厚 232.88 m 左右。该岩性段生物以腕足、瓣鳃类为主,属浅海相碳酸盐岩建造。

(2)三叠系下统嘉陵江组(T_1j)

该岩组区内出露不全,仅见下部岩性,主要为灰、浅灰色中~厚层状粉屑生物微晶灰岩夹灰色薄层状白云质灰岩。层厚大于 19.98 m,与上覆地层呈角度不整合接触。该岩性段生物以克氏哈、瓣鳃类为主,属浅海相碳酸盐岩建造。分布于矿区北侧。

3)第四系（Q）

第四系不整合于各地层之上,分布于区内的斜坡、平台、沟谷及其两侧的开阔地带,在溶蚀洼地和漏斗也有少量分布。主要为坡残积、崩塌堆积物和冲洪积物。层厚 0~156.56 m。

4.2.2 构造

矿区位于长坝向斜南西扬起端,区内构造走向均呈北北东向,与区域总的构造线方向一致。主要有长坝向斜和吴家湾倒转背斜,局部见由断层两盘相对位移形成的一些小型牵引褶曲(图 4.6)。

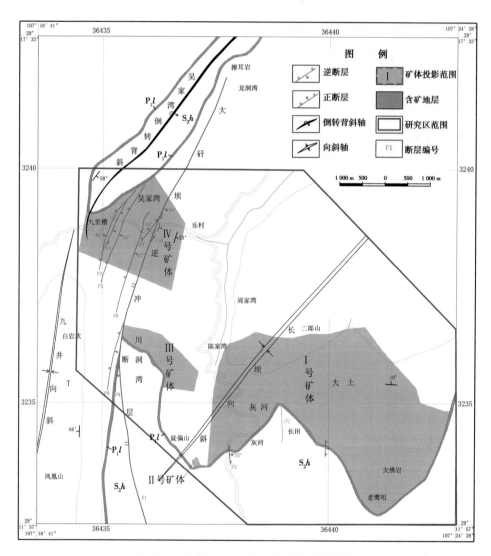

图 4.6 大佛岩-川洞湾铝土矿区地质略图

1) 褶皱

(1) 长坝向斜

长坝向斜褶皱在矿区内延伸长度约 3 km。核部最新的地层是三叠系下统的飞仙关组和嘉陵江组,两侧逐渐变老,从二叠系上统的龙潭组和长兴组,到中统的栖霞组和茅口组,再到下统的梁山组,最老地层是志留系下统韩家店组。

向斜较为宽缓开阔,南东翼倾角为 20°~35°,北西翼为 30°~45°,扬起端倾角 11°~30°。岩层的走向自西向东,从川洞湾的近南北向,到陡偏山(轴部)的南东向,再转为灰河和大土的近东西向,倾向则自东向北东再转北,倾角范围为 11°~35°。

(2)吴家湾倒转背斜

吴家湾倒转背斜褶皱为区内次级褶皱,轴向 N45°E,南西起于磨子阡梁以北,往北东经吴家湾至银钗垭口一带消失,全长约 6 km,矿区内长约 3.5 km,为其南西倾伏端。核部最老地层为志留系下统韩家店组,两翼渐新,依次为二叠系下统梁山组,中统栖霞组、茅口组,上统龙潭组等地层。背斜较为狭长紧密,至一碗水北 300 m 处向南偏转,轴部地层倾向南,倾角 38°~65°,其中北西翼地层倾角较陡,由南向北迅速直立并倒转,倾向变为南东,倾角 50°~68°;南东翼较缓,倾角 25°~38°。

2)断裂

受到区域大断裂大矸坝逆冲断层(F1)影响,区域内次级断层(如 F3、F4、F5、F6 等)非常发育。除 F3 是一条朝向 NWW 的正断层外,其余断层都是朝向 SEE,与大矸坝逆冲断层(F1)几乎平行,形成了一组叠瓦式构造。总共在该区域内发现了 10 条断层,其中大矸坝逆冲断层是区域内的主要大断层,而其余次级断层主要位于大矸坝逆冲断层的下盘,呈北北东向。这些次级断层的走向几乎与区域地层走向相一致,因此都被称为走向断层。

(1)F1——大矸坝逆冲断层

该构造在矿区出露长度约 6 km,地形呈现出明显的沟谷和山垭,是一种典型的负地形。断层线方向是北东 20°—25°,向南东倾斜,倾角在东 37—62°,大多数为东 47—55°。断层面较光滑,呈舒缓波状,并常常出现沿着断层方向的擦痕,由方解石脉填充。断层破碎带的宽度为 3~25 m,内部常常有透镜状的灰岩块、碎石、糜棱岩等。该断层连接着上盘下统韩家店组、下二叠统梁山组和中统栖霞组等含矿岩系,向西斜冲于下盘上二叠统茅口组灰岩之上,导致含矿岩系的梁山组垂直位移了 200~550 m。断层倾角一般大于 45°,是一种压性逆冲断层。

（2）F2——正断层

该构造位于灰河一带铜箭岩北西 8 km 处，断层产状：110°∠75°，延伸长约 300 m，始于茅口组第二段地层，向下切穿栖霞组、梁山组，渐消失于志留系下统韩家店组上部粉砂质页岩。上（东）盘相对向下位移，垂直断距 3～30 m，栖霞组第一岩性段（P_2q^1）灰岩直接与下（西）盘志留系下统韩家店组上部粉砂质页岩接触。断面呈参差状，破碎带宽 1～3 m，并为断层角砾岩充填。断层角砾岩呈灰褐色，角砾状构造，角砾呈棱角状、次棱角状，大小一般 2～30 cm，角砾成分为灰～深灰色粉、砂屑生物微晶灰岩及少量沥青质生物屑灰岩，钙泥质胶结，常见溶蚀孔洞。断层为一张性正断层。

（3）F4——逆断层

该构造位于郑家河—磨子阡梁一带，南北端均止于 F3 断层。延伸长约 1.5 km。断层走向北北东向，倾向南东，产状 115°～135°∠47°～66°。南东盘（上盘）栖霞组一、二段（$P_2q^{1\sim2}$）地层冲覆盖于下盘栖霞组二段（P_2q^2）—茅口组一段（P_2m^1）地层之上，P_2q^1、P_2q^2、P_2m^1 地层重复出现，垂直断距 5～120 m，为一逆断层。断层破碎带宽 1～4 m。断层角砾岩呈灰～褐灰色，角砾状构造，角砾呈次棱角状，大小 0.5～5 cm，角砾成分为灰～深灰色粉～砂屑生物微晶灰岩及沥青质生物屑灰岩，钙质（方解石）胶结。

（4）F7——逆断层

该构造位于洞坝子西侧，长约 500 m，断层走向北北东向，倾向北西，断层产状 320°∠77°，北接大矸坝逆冲断层（F1），南消失于洞坝子 319 国道南侧茅口组三段（P_2m^3）地层。北西盘（上盘）为茅口组三段（P_2m^3）中下部地层，南东盘（下盘）为茅口组三段（P_2m^3）上部地层。垂直断距 0～23 m，断层破碎带宽 0.2～1.3 m。为大矸坝逆冲断层（F1）与 F6 逆断层之间派生次级逆断层，深部为 F6 所截，未对矿层造成影响。

（5）F9——逆断层

该构造位于川洞湾一带大矸坝逆冲断层（F1）与 F8 之间，断层产状 115°～130°∠27°～35°。主要见于大矸坝逆冲断层（F1）下盘梁山组（P_1l）地层，区内延伸长约 300 m，南西端延出图外。断距较小，使梁山组（P_1l）地层错断，揉皱破碎,见角砾岩化、糜棱岩化。为大矸坝逆冲断层(F1)下盘派生次级逆断层。

　　除上述地表断裂外,在钻孔(ZK1002、ZK4411、ZK4026 等)及坑道(PD3、PD5)内均发现有小断层分布,走向均为北北东向,断距多为 0.5 ～ 3 m,对矿层破坏不严重。推测在矿区无工程控制的地段仍有隐伏断层存在的可能,可能使坑道突然脱离矿层,但一般断距不大,略微偏移坑道走向即可进入矿层,故在今后的矿山开采时,应引起注意。

4.2.3　含矿地层特征

　　下二叠统梁山组(P_1l)为区内铝土矿赋矿地层,呈假整合超覆于志留系下统韩家店组(S_1h)粉砂质页岩与中石炭统黄龙组(C_2h)透镜状灰岩之上(图4.7)。厚 4.18 ～ 13.53m。其岩性特征自上而下为:

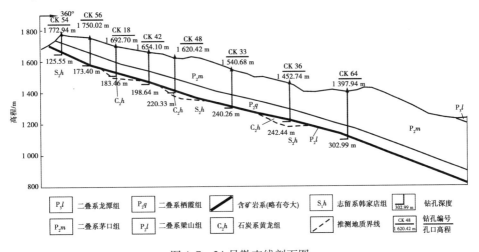

图 4.7　24 号勘查线剖面图

　　上覆地层为栖霞组一段(P_2q^1),深灰色中厚层状粉屑生物微晶灰岩夹灰黑色薄 ～ 中厚层状沥青质生物屑灰岩(或互层)。上覆地层与下伏地层呈整合接触。

　　梁山组(P_1l)。按岩性组合特征,总体上可划分为七小层,自上而下分别为:⑦黑色炭质页岩;⑥灰、深灰 ～ 灰黑色致密状黏土岩;⑤浅灰、黄灰、灰 ～ 深灰色致密状铝土岩;④浅灰、灰 ～ 深灰至灰褐色似层状、透镜状铝土矿;③浅灰、灰～深灰色致密状铝土岩;②灰、灰白、灰黄色致密状高岭石黏土岩;①灰绿、黄绿、黑灰色致密状绿泥石黏土岩。与下伏志留系下统韩家店组(S_1h)粉砂质页岩与石炭系中统黄龙组(C_2h)透镜状灰岩地层呈假整合接触。

4.3 矿体地质

南川区大佛岩-川洞湾铝土矿区共分 3 个矿段,即灰河—大佛岩矿段、川洞湾矿段、吴家湾矿段。前两者以 ZK6020 和 ZK6016 孔为界,以东为灰河—大佛岩矿段,以西为川洞湾矿段;吴家湾矿段位于川洞湾矿段以北吴家湾村附近。灰河—大佛岩矿段包括Ⅰ、Ⅱ号矿体,Ⅲ号矿体位于川洞湾矿段,Ⅳ号矿体位于吴家湾矿段。Ⅰ号矿体是矿区主要矿体,是重点评价对象。

4.3.1 矿体特征

1)灰河—大佛岩矿段Ⅰ号矿体

(1)矿体形态、产状、分布及规模

Ⅰ号矿体是矿产区主要矿体。矿体展布于长坝向斜南东扬起端及南东翼,东起于毛面 ZK137 孔,西止于灰河 60 号勘探线;南起于铜箭岩 TC207,北止于大树湾—龙洞湾(ZK5220～ZK3239)一线,共由 280 个探矿工程控制,长轴呈北西—南东展布,长 2 890～5 060 m,短轴呈北东展布,宽 2 410～2 740 m。矿体呈层状、似层状,平面形态呈不规则状。主要赋存于含矿岩系中部及中上部位,距炭质页岩底界一般 0.40～1.6 m,极少数钻孔矿层直接与炭质页岩接触(如 ZK6007、ZK6011、ZK6312);距 S_2h 顶界一般 2.2～5.20 m。控制矿体最高标高 1 714 m(大佛岩最南端 A23),控制最低标高 -20.25 m(ZK4423),最大高差 1 734.25 m,矿体产状与地层产状趋于一致。在大佛岩—大土地段,矿体底板高程 1 714～1 100 m,矿体平均倾角 16°,大土以北矿体底板高程 1 100～-20 m,矿体平均倾角 35°,灰河地段平均倾角 30°。矿体总体来说较为连续稳定,但其内部见有 2 个小的无矿天窗和 9 个薄化区。无矿天窗主要位于矿体西侧,形态分别呈四边形和三角形;薄化区主要位于矿体南部(大佛岩地段),在其中部也有零星分布。其中最大的一个薄化区位于矿体最南东端,呈不规则状产出。矿体最厚 6.00 m(ZK5220),最薄 0.10 m(CK22),一般 1.0~2.50 m,平均厚 1.93 m,厚度变化系数 57.88%,属较稳定型。平均品位:Al_2O_3 61.33%、SiO_2 14.61%、Fe_2O_3 5.57%、TiO_2 2.52%、S 1.23%、LOSS 13.93%,A/S 4.20。

矿体化学组分以 Al_2O_3、SiO_2、Fe_2O_3、TiO_2、S 为主,含少量 CaO、MaO、Na_2O、K_2O、P_2O_5、V_2O_5、CO_2、S,微量 Ga、Ge、Ni、Be、Ba、Nb、As、Sb、Hg、Pb、Cr、Sc、Li 等元素。有害组分有 S、CaO、MgO,伴生有益组分为 Ga、Nb、Sc、Li。矿体的主要化学成分及含量见表4.2。

表 4.2 Ⅰ号矿体主要化学成分一览表

区间	主要化学成分/%						A/S
	Al_2O_3	SiO_2	Fe_2O_3	TiO_2	S	LOSS	
最高	79.82	28.62	31.29	6.38	18.85	25.12	76.75
最低	40.02	1.04	0.56	0.60	0.00	5.96	1.80
一般	50~70	3~25	1~7	1.2~4	0~2	11~16	2.5~10
平均	61.33	14.58	5.59	2.53	1.23	13.93	4.21

富矿体:Ⅰ号矿体内按 Al_2O_3 含量不低于62%,A/S≥7 的工业指标,共圈出富矿体 13 个。

(2)矿体内部结构

矿体以致密状铝土矿为主,土状铝土矿次之,含少量砾屑状、土豆状、豆状铝土矿。致密状铝土矿几乎在各采矿工程中均有发现,土状铝土矿相对集中分布于近地表,深部主要分布于灰河地段。而砾屑状、土豆状、豆状铝土矿则零星分布于不同地段。

纵向上看:致密状铝土矿主要产于矿体顶部和底部,局部地段相变为致密豆状、砾屑状铝土矿,土状和土豆状铝土矿多分布在矿体中部,顶部和底部也有出露。横向上看:矿体内部结构变化较大,仅致密状铝土矿相对稳定,其余类型,如土状、土豆状、砾屑状、致密豆状铝土矿多呈不连续出现。

（3）矿体变化特征

厚度：矿体厚度无论沿矿体走向、倾向以及与矿体内部结构以及埋深无相关关系，而与含矿岩系厚度有一定的关系。一般来说，含矿岩系厚度在 6~9 m 时，矿体厚度相对而言较稳定且厚度较大，在 6~9 m 这个范围以外，矿体厚度不稳定，但不排除大厚度矿体的存在，如 ZK5220 孔，含矿岩系厚度 11.29 m，而矿体厚度则有 6.00 m。

品位：一般来说，地表矿石品位较深部好，深部矿石品位则与土状、土豆状铝土矿的产出有关，同时也与矿体厚度有较大关系——矿体厚度越大，矿石质量相对较好，反之，矿体厚度薄，矿石质量相对较差。

横向上看：一般来说，矿石质量矿区中部较边缘（外围）好，地表较深部好。从走向上和倾向上看则无明显的关系。纵向上看：矿体中部矿石质量较好，顶部及底部相对较差，但部分工程之顶部和底部矿石质量较中部好，如 ZK4415、ZK5811、ZK119 等。

2）灰河—大佛岩矿段 II 号矿体

II 号矿体位于 I 号矿体南东角，和尚岩 K63~K66 号探槽间，最高出露标高 1 605 m，最低标高 1 465 m。平面形态呈四边形。矿体长轴呈南北向展布，倾向 12°，倾角 27°。

矿体长 210 m，宽 140 m。矿体平均厚 1.15 m，平均品位：Al_2O_3 59.24%、SiO_2 8.59%、Fe_2O_3 14.89%、TiO_2 4.19%、LOSS 13.16%，A/S 6.90。富矿体（Alf-5）：位于 II 号矿体内，展布于 64~66 号勘探线间，呈北西、南东向四边形产出。

3）川洞湾矿段（III 号矿体）

（1）矿体形态、产状、分布及规模

矿体呈透镜状，平面形态呈不规则状。主要赋存于含矿岩系中部及中上部位，距炭质页岩底界一般为 0.29~2.84m；距 S_2h 顶界一般为 2.59~10.96m。控制矿体最高标高 1 474 m（K210 川洞湾西侧），控制最低标高 749.01m（ZK2113），最大高差 724.99 m。矿体产状与地层产状趋于一致，矿体走向：地表段呈近南北向，到深部呈北西向；倾向：近地表呈北北东向，至深部呈北东向；

矿体平均倾角24°。

矿体展布于长坝向斜北西翼,大矸坝逆冲断层上盘。东起于老鸹坪(ZK-2113),西止于大矸坝逆冲断层;南起于马荣光—川洞湾(ZK1913~C199)一线,北止于大落凼—塅垭口(ZK2316~C227)一线,共由44个探矿工程控制,长轴近地表段呈北西—南东展布,深部呈北西西—南东东展布,长2 260 m,短轴近地表段呈北东展布,深部呈近南北向展布,宽180~550 m。

矿体总体来说较为连续稳定,因在矿体东侧ZK1907孔矿体厚度仅0.16 m,达不到最低可采厚度,矿体存在一个薄化区,按最低可采厚度圈定矿体后,矿体被分存两个块段;另在矿体西侧近地表处也见有一个小的薄化区,形态呈三角形,但对矿体的完整性无影响。

该矿体最厚4.19 m(K210),最薄0.16 m(ZK1907),一般为1.0~1.85 m,平均厚1.75 m,厚度变化系数53.08%,属较稳定。

矿体化学成分、微量元素、有害成分以及伴生有益成分与Ⅰ号矿体大致相同。矿体主要化学成分及含量见表4.3。富矿体:Ⅲ号矿体内按Al_2O_3含量不低于62%,A/S≥7的工业指标,共圈出富矿体3个。

表4.3　Ⅲ号矿体主要化学成分一览表

区间	主要化学成分/%						A/S
	Al_2O_3	SiO_2	Fe_2O_3	TiO_2	S	LOSS	
最高	79.25	26.68	23.96	4.80	7.13	17.95	84.97
最低	40.49	0.93	0.83	1.22	0.00	11.78	2.0
一般	50~75	2~25	1~7	1.7~3	0~0.6	13~15	2~7
平均	61.79	14.68	4.63	2.50	1.12	14.32	4.21

(2)矿体内部结构

矿体以致密状铝土矿石为主,豆状、土状次之,少量砾屑状、土豆状,内部结构变化较大。致密状铝土矿几乎在各采矿工程中均有出露,土状铝土矿在各地段呈不均匀产出,豆状铝土矿则主要分布于近地表,而砾屑状、土豆状零星分布于不同地段。

纵向上看:致密状铝土矿主要产于矿体顶部和底部,局部地段相变为豆状、土状以及土豆状;土状和土豆状铝土矿主要产于矿体中部。其顶部和底部也有出露。横向上看:矿体内部结构变化较大,仅致密状铝土矿相对较为稳定,其余类型,如土状、土豆状、砾屑状、豆状多呈不连续出现。

(3)矿体变化特征

厚度:近地表矿体厚度普遍来说较大,且主要分布于-29～-25 m勘探线间,其余地段仅个别工程见矿体厚度大于2.00 m。矿体在走向上、倾向上以及与矿体内部结构均不存在一定的关系,与埋深及含矿岩系厚度有一定关系:一般来说,含矿岩系厚度在6～9 m时,矿体厚度较大,且相对较稳定;而含矿岩系厚度在小于6 m或大于9 m时,矿体厚度相对较薄,但也有例外,如ZK2104孔,含矿岩系厚度9.9 m,而矿体厚度则有2.24 m。

品位:一般来说,地表矿石品位较深部好,深部矿石品位则与土状、土豆状铝土矿的产出有关,也与矿体厚度有较大关系,矿体厚度越大,矿石质量相对较好,反之矿体厚度薄,矿石质量相对较差。

横向上看:矿石质量中部较边缘好,地表较深部好。沿走向,由中部向两侧质量变差,倾向上则趋于较稳定。纵向上看:矿体中部矿石质量较好,顶部及底部相对较差,但不排除少数工程之顶部和底部较中部好,如ZK4415、ZK5811、ZK119等。

4)吴家湾矿段(Ⅳ号矿体)

(1)矿体形态、产状、分布及规模

主要位于大矸坝逆冲断层下盘,吴家湾倒转背斜倾伏端及背斜南东翼(图4.8)。矿体呈透镜状赋存于含矿岩系中上部,距顶界一般为2.5～3.5 m,距底界一般为2.0～3.5 m,出露最高标高1 220 m,控制最低标高780 m。由于断层破坏,矿体被错断分割成多个矿块。矿体产状与地层产状基本一致,倒转背斜倾伏端地段,产状变化大,矿体呈弧形展布。背斜南东翼,矿体走向北45°东,倾向135°,倾角22°。

矿体由41个探矿工程控制,南起于苦草湾,北止于核桃坪TC$_w$15,西起于杨家湾,东止于大矸坝逆冲断层上盘乐村ZK9603孔处。控制矿体长1 800～2 340 m,宽560～1 685 m。

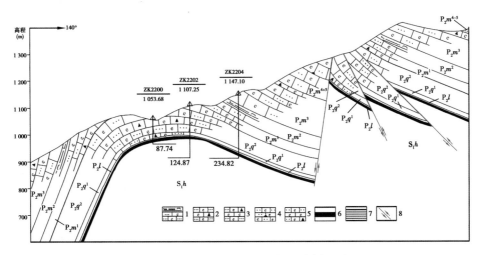

图 4.8　吴家湾矿段 22-22′勘查线剖面图

1—滑石粉屑灰岩;2—粉生物屑夹沥青灰岩;3—沥青质粉屑灰岩;4—燧石砂屑灰岩;

5—沥青质砂屑灰岩;6—铝土矿层;7—炭质页岩;8—逆断层

矿体连续性较差,内部局部见无矿天窗。矿体最厚 2.89 m,最薄 0.13 m。一般为 1～2 m,平均 1.21 m,厚度变化系数 47%。

矿体化学成分、微量元素、有益及有害成分与 I 号矿体大致相同,仅含量的多少不同。主要化学成分及含量见表 4.4。该矿体共圈出 4 个富矿体。

表 4.4　Ⅳ号矿体主要化学组分一览表

区间	Ⅳ号矿体主要化学组分/%						A/S
	Al_2O_3	SiO_2	Fe_2O_3	TiO_2	S	LOSS	
最高	76.87	27.62	16.60	4.81	6.84	16.92	33.94
最低	44.40	2.18	0.90	1.57	0.00	12.00	2.00
一般	50～70	5～25	1～4.5	1.8～3.5	0.0～1.0	13～15	2.2～5
平均	59.87	17.07	3.45	2.78	1.16	14.12	3.51

(2)矿体内部结构

纵向上,顶部以致密状铝土矿为主,局部相变为土状、致密豆状和砾屑状铝土矿。土状铝土矿主要分布在矿体中部及中下部,少数工程中见土状铝土矿产于矿体底部。砾屑状铝土矿仅在两个工程中见有;致密豆状铝土矿主要分布在矿体上部,底部以致密状铝土矿为主。横向上,仅致密状铝土矿较为连续,而其他矿石类型则相变较大。

(3)矿体变化特征

厚度变化:吴家湾背斜轴部近地表和背斜南东翼局部地段矿体厚度较大,其余地段厚薄变化较大,无规律(图4.9)。

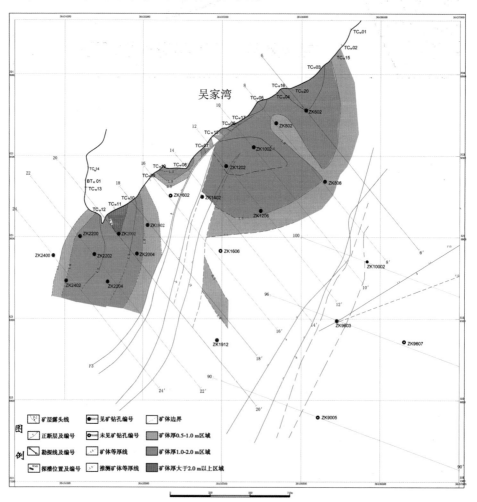

图4.9　Ⅳ号矿体等厚线示意图

品位变化:该矿体品位变化较大,就是相邻两工程间的品位都存在较大差异,这主要是土状铝土矿和土豆状铝土矿的出现与尖灭造成的。各矿体的主要特征见表4.5。

表 4.5　南川大佛岩-川洞湾铝土矿区各矿体的主要特征简表

矿体编号	矿段	地理坐标	矿体特征	厚度/m	平均品位/%			A/S
					Al₂O₃	SiO₂	S	
I	灰河—大佛岩	东经:07°21′54″—107°24′23″,北纬:29°11′58″—29°14′47″	矿体长2 890～5 060 m,宽2 410～2 740 m;矿石类型以致密状为主,次为土状矿,少量砾屑状、土豆状、豆状矿	1.93	61.33	14.58	1.23	4.21
II		东经:107°21′6″—107°21′13″,北纬:29°13′25″—29°13′13″	矿体长210 m,宽140 m;矿石类型以致密状为主,少量土状和致密豆状矿	1.15	59.24	8.59	—	6.90
III	川洞湾	东经:07°19′45″—107°21′54″,北纬:29°13′58″—29°14′47″	矿体长2 260 m,宽180～550 m;矿石类型以致密状为主,次为豆状和土状矿,少量砾屑状、土豆状	1.75	61.79	14.68	1.12	4.21
IV	吴家湾	东经:07°19′27″—107°20′43″,北纬:29°16′47″—29°15′05″	矿体长1 800～2 340 m,宽560～1 685 m;矿石类型以致密状矿为主,少量土状、致密豆状、砾屑状矿	1.23	59.87	17.07	1.16	3.51

4.3.2 矿石质量

1)矿石类型、矿物组合及结构构造

区内矿石可划分为土状(半土状)铝土矿、致密状铝土矿、土豆状铝土矿、致密豆状铝土矿、砾屑状铝土矿五种自然类型。其中以致密状铝土矿、土状铝土矿为主,少量土豆状铝土矿、致密豆(鲕)状铝土矿和砾屑状铝土矿。五种矿石类型质量特征分述如下。

(1)土状(半土状)铝土矿

土状(半土状)铝土矿占矿石总量的 19%,为矿区优质铝土矿石之一。地表呈灰白色,深部为灰色。微晶粒状结构、隐晶质结构、砂屑结构,多孔状(土状)构造、胶状构造、条带状构造、渗流管构造(似叠层石构造)、渗流凝胶构造、块状构造等。性较硬、具韧性,断口粗糙,硬度可达 5 以上。改造稍差者为半土状。具不发育稀疏的鲕豆粒,直径为 0.05~3 mm。鲕豆粒呈圆形及椭圆形,同心环带不明显,复式鲕粒偶见。豆鲕内部干缩裂纹较发育,呈网状及放射状,裂纹均不穿出豆鲕外,多被硬水铝石所充填。

矿石矿物主要由硬水铝石(一般为 80%~90%)、高岭石(一般为 10%~20%)组成,见有少量的一水软铝石(一般为 0%~10%)、黄铁矿(一般为 0%~5%、最高可达 25%)、勃姆石、水云母和黑色炭质物,微量金红石、锐钛矿(多为5%~10%)。

该矿石类型主要展布在铝土矿层上部和中上部。无论是地表矿体还是深部矿体,均有分布,但分布不均,呈透镜状展布。

总的来说,矿石的质量地表浅部比深部要好,其主要化学成分 Al_2O_3 深部比地表降低 3%;SiO_2 则升高 33%;Fe_2O_3 升高 21%;TiO_2 降低 11%;S 提高5 000%;A/S 降低 8%。

（2）致密状铝土矿

致密状铝土矿占矿石总量的 48%，为本区主要矿石类型，各地段均有分布。颜色多为灰至深灰色。断口平整，硬度较高，硬度可达 5 以上。隐晶质结构，致密状构造。有时含少量鲕豆粒、鲕、豆状物，粒径 0.2 ~ 5 mm，一般为 1 ~ 3 mm，呈圆球状和椭球状，少数为不规则状，内部多数无同心圆环带状构造。

矿石矿物多为微 ~ 隐晶状的一水软铝石（一般为 50% ~ 70%），次为他形晶、半自形的硬水铝石（一般为 5% ~ 20%）、高岭石（一般为 15% ~ 25%），并含有少量的水云母、黄铁矿（一般为 5% ~ 10%）、黑色炭质物、勃姆石，局部含微量的金红石、锐钛矿（一般为 3% ~ 5%）、叶绿泥石等，为中低品位的矿石类型。就整个矿区而言，此类型分布广泛，主要分布在矿层上、下部，有的工程矿层全由该矿石类型组成。在川洞湾和大土地段深部则为主要矿石类型。主要化学成分 Al_2O_3 深部比地表降低 5%；SiO_2 降低 2%；Fe_2O_3 提高 16%；TiO_2 地表与深部一样；S 提高 682%；A/S 提高 29%。

（3）土豆状铝土矿

土豆状铝土矿占矿总量的 20%，地表多为浅灰色、灰色，深部颜色加深呈深灰色。性较硬、带韧性、断口粗糙，硬度 3 ~ 4。微晶粒状结构、隐晶质结构、砂砾屑结构，土豆状构造、多孔状构造。含豆状物在 25% 以上，被土状铝土矿胶结，豆状物的粒径 0.05 ~ 6 mm，其中大部分在 1 ~ 4 mm。多呈圆球形及椭圆形，少数呈不规则状，其中大部分具多层同心环带。

矿石矿物主要为硬水铝石（一般为 65% ~ 75%），次为高岭石、水云母（约 20%），少量一水软铝石、黄铁矿及黑色炭质物质，微量锐钛矿、勃姆石。豆鲕粒呈圆形及椭圆形，多被硬水铝石和高岭石所充填，部分豆鲕流失而成空洞。破碎后呈棱角状，又被硬水铝石晶体所胶结。

该矿石类型质量仅次于土状铝土矿石，在矿区内多呈零星分布，展布在铝土矿层的中上部和中部，局部分布于矿层下部。化学成分 Al_2O_3 深部比地表降低 10%；SiO_2 提高 57%；Fe_2O_3 提高 7%；TiO_2 降低 29%；S 提高 1 500%；A/S 降低43%。

（4）致密豆状铝土矿

致密豆状铝土矿占矿石总量的9%。颜色为灰至深灰色。性硬、断口平坦，硬度3～4。隐晶结构，变形砂砾屑结构，致密豆状构造。豆鲕粒较发育，豆鲕粒在25%以上，多被硬水铝石和高岭石所充填，胶结物为致密状铝土矿。豆鲕粒径0.1～5 mm，豆粒一般为1～3 mm，呈圆球状和椭球状，少数呈不规则状，不均匀分布，其中部分具多层同心环带，豆鲕粒内收缩裂纹发育。

矿石矿物以硬水铝石（30%～40%）、一水软铝石（30%～50%）、高岭石（15%～25%）为主，有少量的水云母、黄铁矿（5%～10%）和黑色炭质物，极少量的锐钛矿、勃姆石、叶绿泥石等。鲕、豆粒主要为硬水铝石和高岭石组成。此类型矿石含黏土矿物相对较多，是组成中、贫铝土矿石的主要自然类型。Al_2O_3含量深部比地表升高9%，SiO_2含量深部比地表提高0.5%，Fe_2O_3含量深部比地表提高25%，TiO_2含量深部比地表降低23%，S含量深部比地表提高838%，A/S深部比地表降低0.8%。

（5）砾屑（砂屑）状铝土矿

砾屑（砂屑）状铝土矿占矿石总量的4%。变形砂、砾屑结构、微晶粒状结构，豆、鲕状构造、多孔状构造。矿石质量中等，成分变化较大。豆鲕含量为60%～90%，胶结物为微晶或隐晶硬水铝石和少量的高岭石或绿泥石。豆鲕核心常为硬水铝石或黏土矿物、黄铁矿等颗粒集合体组成，同心环带由硬水铝石、高岭石、绿泥石组成。

矿石矿物主要为硬水铝石（30%～40%）、一水软铝石（10%～50%）、高岭石（15%～25%）、水云母和少量黄铁矿（5%～10%）、勃姆铝石、叶绿泥石、黑色炭质物组成。豆鲕状后期被破坏而呈砾屑和砂屑状铝土矿石。

各矿石自然类型中均见砂屑、砾屑、鲕豆（多数圈层构造不明显）粒等结构。这是在原始铝土矿下降成岩和后期抬升阶段中，因后生改造条件差异而成，越富的矿石，其原始结构、构造被改造的程度越高。例如，土状铝土矿石中的孔洞,主要是鲕、豆粒中心在成岩时,风化淋滤程度高,黏土矿物、有机质及一水软铝石被溶蚀或蚀变,形成孔洞,后被硬水铝石充填。

2)矿石矿物成分

铝土矿、硬质耐火黏土矿、铁矾土矿的内部结构较复杂,但其矿物成分并不复杂,并分布在一定层位中。变化不大,主要矿物呈消长关系。

其主要组成矿物有硬水铝石、一水软铝石、高岭石、绿泥石、伊利石;次要矿物有铝凝胶、三水铝石、黄铁矿、菱铁矿、赤铁矿、针铁矿;微量矿物有锐钛矿、榍石、金红石、硝石、绿帘石、电气石、石英、方解石等,偶见长石。其中,主要矿物含量均在 95% 左右。现将矿石中主要矿物和重要矿物分述如下。

①硬水铝石:常呈无色、浅黄色、浅褐色、浅绿色。粒度最大者可达 $0.2 \sim 0.7$ mm,在土状铝土矿石中一般粒度为 $0.05 \sim 0.005$ mm,在致密状矿石中一般粒度为 $0.005 \sim 0.001$ mm。呈他形、半自形柱状、板柱状、板状及片状晶体,呈镶嵌状分布。在基质和鲕豆中呈他形粒状,在粒间孔及粒内孔以及细脉中,硬水铝石多呈自形、半自形晶,晶洞中则晶形较完整、透明、洁净,晶粒度 $0.01 \sim 0.07$ mm。有时在基质和砂屑中硬水铝石呈他形粒状、线状、条索状分布。硬水铝石多由一水软铝石转化而成,其含量:土状>土豆状>砂砾屑状≥致密豆状>致密状。

②一水软铝石:常呈无色、浅黄色。多为隐晶质微晶粒状及砂屑状,微晶粒度为 $0.01 \sim 0.001$ mm,砂屑大小为 $0.3 \sim 2$ mm,与硬水铝石、高岭石、褐铁矿成层组成鲕粒、豆粒。主要分布在硬水铝石晶间和砂屑内,或呈变形砂砾屑及胶结物。经后生作用形成粉末状,风化物残留于砾屑中,其大部分已转化成硬水铝石。矿石中一水软铝石的发现,是通过偏光显微镜和 X 光衍射分析认定的。其含量:致密状>致密豆状≥砂砾屑状>土豆状>土状。

③三水铝石:呈鳞片状,放射束状集合体,分布于脉中、晶间孔及孔隙中。干涉色折光率较低。三水铝石是通过伦琴射线射谱及经过热处理和摄普鉴定结果得到证实的。在矿石中含量甚微。

④高岭石:呈浅黄色、浅褐色。显微鳞片状及隐晶状为主,少部分由于重结晶作用而呈蠕虫状。常因结晶程度差异而显深浅不同的色调,结晶程度好者为浅黄色,结晶程度差者为浅褐～褐色。在铝土矿石中呈隐晶～微晶粒状集合体充填于粒内孔、粒间孔及细小裂隙中。无色显微鳞片状高岭石与褐色雾状铝凝胶常组成不同颜色的平行环带及同心环状,也有分布在环带中心。在铝土矿石中为次要矿物,在致密状矿石中含量最高,含量可达40%,一般为10%～30%。在黏土矿石和铁矾土矿石中,高岭石呈隐晶质均匀分布,显弱非均性,具一致性消光。在隐晶基质中含有晶质片状集合体高岭石,质纯、透明、清净,呈碎屑状、散状分布。

⑤铝凝胶:常呈黄色、浅褐色,且多已陈化晶出隐晶状的硬水铝石,形成变胶状结构。常与硬水铝石、一水软铝石、高岭石组成同心环状、管状的渗流管构造或渗流凝胶构造。在矿石中含量甚微。

⑥绿泥石:呈无色至淡黄色,显微晶质或鳞片状、纤维状集合体。沿褐铁矿边缘及褐铁矿脉分布,少量在砂屑中可见。主要分布在含矿岩系下部。以鲕绿泥石和鳞绿泥石为主,局部富集可形成铁矿体。

矿石矿物变化特征:①含矿岩系各层中矿物含量的增减皆为逐渐过渡关系。铝土矿、硬质耐火黏土、铁矾土矿与上下围岩,特别是与下伏志留系围岩为过渡关系,接触界线不甚明显。②组成铝土矿的主要矿物为硬水铝石、一水软铝石、高岭石及少量的伊利石、绿泥石和黄铁矿;组成硬质耐火黏土矿的主要矿物为高岭石、伊利石、硬水铝石及少量的绿泥石;组成铁矾土矿的主要矿物为高岭石、伊利石、绿泥石及少量的硬水铝石、菱铁矿,呈此消彼长关系,但个别矿物如伊利石在铝土矿富矿中未见,贫矿中含量甚少,而在铝土矿层外,其含量增长较快,有突变现象。硬水铝石、勃姆铝矿在铝土矿中占主导地位,在富矿中占绝对主导地位,但也有突变现象。③菱铁矿多在含矿岩系下部局部富集形成铁矿小透镜体;鲕、鳞绿泥石多在含矿岩系下部局部富集,形成小铁矿体,呈透镜状、扁豆状产出。

3）化学组分及含量

根据基本分析、组合分析、光谱分析和全分析成果,矿石主要由 Al_2O_3、SiO_2、Fe_2O_3、TiO_2、S 和 LOSS 组成,含量一般在 90% ～98%。

（1）各类型矿石的主要化学成分

各类型矿石的主要化学成分含量见表 4.6。

表 4.6 各类型矿石的主要化学成分含量统计表

矿石类型	分析项目								
	Al_2O_3/%			SiO_2/%			A/S		
	最高	最低	平均	最高	最低	平均	最高	最低	平均
土状铝土矿石	79.82	46.21	70.64	24.72	0.96	5.35	80.36	3.41	18.82
土豆状铝土矿石	79.25	42.23	66.80	25.44	0.48	8.99	90.09	2.11	11.44
致密状铝土矿石	78.56	40.02	58.14	26.48	1.10	16.97	66.01	2.00	4.08
致密豆状铝土矿石	74.20	46.74	56.40	26.19	2.11	17.56	34.70	2.00	3.83
豆鲕、砾屑状铝土矿石	74.11	45.83	58.53	24.98	3.26	15.25	21.42	2.03	4.41

从表 4.6 可知,土状铝土矿和土豆状铝土矿矿石质量最好,后面三者的 Al_2O_3 含量与 A/S 值相对较稳定,但矿石质量较前两者差。

（2）微量元素

微量元素如 CaO、MgO、Na_2O、K_2O、P_2O_5、V_2O_5、CO_2、S、Ga、Ge、Ni、Be、Ba、Nb、As、Sb、Hg、Pb、Cr、Sc、Li 等含量甚微（表 4.7）。其中有害组分有 S、CaO、MgO,伴生有益组分为 Ga、Nb、Sc、Li。

从表 4.8 中可以看出,有害组分 S 偏高,CaO、MgO 均在允许范围内;有益组分含量甚微,除 Ga 达到工业指标可综合利用外,其余元素均达不到综合利用的工业指标。Ga 普遍存在于各类矿石类型中,且均达到最低工业指标（0.002%）,可以进行综合利用。

表4.7 矿石化学成分含含主要及微量元素统计表

矿种	含量区间	矿石化学成分									
		Al_2O_3/%	SiO_2/%	Fe_2O_3/%	TiO_2/%	S/%	CaO/%	MgO/%	P_2O_5/%	K_2O/%	Na_2O/%
铝土矿	最大	79.82	26.48	26.53	5.94	18.85	0.16	1.36	0.15	1.25	0.15
	最小	40.02	0.48	0.79	0.6	0	0.081	0.0057	0.009	0.335	0
	一般	50~75	3~25	1~10	1.2~4	0.02~1.9	0.08~0.09	0.04~0.8	0.04~0.12	0.4~1.0	0.02~0.08
	平均	61.94	17.07	5.37	2.58	1.31	1.09	0.277	0.069	0.772	0.056

矿种	含量区间	矿石化学成分									
		V_2O_5/%	CO_2/%	Li/%	Ga/($\mu g \cdot g^{-1}$)/%	Ge/($\mu g \cdot g^{-1}$)/%	CeO_2/%	La_2O_3/%	Nd_2O_3/%	Pr/%	Co/%
铝土矿	最大	0.098	0.16	0.110 4	160	8.3	0.158	0.012 3	0.005 6	0.000 6	0.006 2
	最小	0.056	0.081	0.032 5	51	0.67	0	0.003 1	0.000 5	0.000 41	0
	一般	0.067~0.095	0.08~0.11	0.045 8~0.074 8	70~140	1.2~4.8	0.004~0.158	0.004 3~0.011 9	0.001 9~0.004 0	0.000 44~0.000 53	0.000 6~0.001 6
	平均	0.077	0.1	0.053	81.00	3.29	0.008 6	0.008 1	0.003	0.000 48	0.001 4

矿石化学成分

矿种	含量区间	Zr/%	Y$_2$O$_3$/%	As/%	Cr$_2$O$_3$/%	Mn/%	NiO/%	Rb/%	Sr/%	Sc/%	Nb/(mg·g⁻¹)/%
	最大	0.000 96	0.011 9	0.008 4	0.089 6	0.02	0.016 3	0.002 8	0.006 4	0.115	0.050
	最小	0.000 59	0.006	0.000 9	0.045 7	0.006	0.001 5	0	0.009	0.022 2	0.005 2
铝土矿	一般	0.000 65~0.000 96	0.006~0.008 6	0.001 6~0.006 5	0.004 8~0.078 7	0.008~0.015	0.002 1~0.008 7	0.000 5~0.002 6	0.007 4~0.009 9	0.032~0.085	0.006 8~0.002 0
	平均	0.000 77	0.007 8	0.004 2	0.066 6	0.012	0.005	0.001 3	0.006 4	0.059	0.015

注:在硬质耐火黏土矿和铁矾土矿中,Ga的平均含量为0.004 7%,最大为0.008 5%,最小为0.003 1%,一般为0.004 0%~0.006 0%。

下面对有害和有益化学组分进行列表说明(表4.8)。

表4.8 矿区内有害和有益化学组分含量统计表

范围	有害组分			有益组分			
	S/%	CaO/%	MgO/%	Ga/(μg·g⁻¹)	Nb/(mg·g⁻¹)	Sc/(μg·g⁻¹)	Li(mg·g⁻¹)
最高	18.85	0.16	1.36	160	50	115	110.4
最低	0	0.081	0.005 7	51	5.19	22.2	32.5
一般	0.02~1.9	0.08~0.09	0.04~0.8	70~140	6.77~20	32~85	45.8~74.8
平均	1.31	1.09	0.277	81.00	15.26	43.85	53

（3）有害组分 S 与矿体厚度的关系

有害组分 S 主要与黄铁矿含量的多少有关，黄铁矿含量高，则 S 的含量高，反之则低。地表及近地表地段黄铁矿因风化淋滤，S 的含量较深部低，在深部，S 主要以黄铁矿的形式存在。就整个矿区而言，黄铁矿在各类矿石类型中均有分布，但呈不匀分布。

在矿体走向上，S 含量与矿体厚度之间的关系见表4.9，可以看出，S 沿走向上变化大，无规律，且与矿体厚度也不存在一定关系，但总的来说，S 的含量普遍较高。

表4.9　有害组分 S 与矿体厚度对应关系一览表

工程编号	厚度/m	S/%	工程编号	厚度/m	S/%
ZK5811	1.36	3.88	ZK5624	2.57	1.16
ZK5610	1.91	3.66	ZK5620	2.24	4.05
ZK5408	0.94	0.47	ZK4818	1.05	0.14
ZK5001	1.47	1.36	ZK4423	1.58	1.98
ZK402	1.09	2.54	ZK3630	0.83	0.72
ZK117	1.21	0.58	ZK3235	1.29	0.56
ZK121	2.55	0.33	ZK2836	1.50	0.91
ZK133	1.06	2.74	ZK5624	2.57	1.16
ZK130	1.65	0.37			

在矿体倾向上，S 含量与厚度之间的关系见表4.10，可以看出，S 沿倾向上的变化较大，与矿体厚度无明显的相关关系。

表4.10　有害组分 S 与矿体厚度沿倾向上的对应关系一览表

工程编号	厚度/m	S/%	工程编号	厚度/m	S/%	工程编号	厚度/m	S/%
ZK5602	2.13	1.24	ZK130	1.65	0.37	ZK3626	0.88	0.28
ZK5604	3.73	2.97	ZK138	2.67	2.55	ZK3630	0.83	0.72

工程编号	厚度/m	S/%	工程编号	厚度/m	S/%	工程编号	厚度/m	S/%
ZK5606	1.4	0.78	CK64	2.39	1.95	ZK3622	1.76	0.73
ZK5608	1.44	2.37	CK36	1.28	0.26	ZK3618	1.50	0.32
ZK5610	1.91	3.66	CK33	1.06	0.34	ZK121	2.55	0.33
ZK5612	2.13	3.41	CK18	0.32	0.12	ZK120	0.94	0.24
ZK5616	5.47	1.62	CK56	0.75	0.09	ZK114	1.24	1.32
ZK5620	2.24	4.05	ZK140	2.06	1.19	CK67	2.37	1.84
ZK5624	2.57	1.16	A20	1.21	0.02	ZK103	0.91	0.04
						A47	0.62	0.02

4.3.3　矿石类型及品级

矿石类型:中高铝高硅高硫含铁型铝土矿石。

矿石品级: Ⅰ、Ⅲ、Ⅳ号矿体主要为Ⅳ、Ⅴ级品,Ⅱ号矿体为Ⅴ级品。

4.3.4　围岩及夹石

矿体围岩是指铝土矿体上下岩石,铝土矿体上部的岩石称顶板,下部的岩石称底板。本次研究以紧邻铝土矿体上、下的一个单样作为其顶板和底板。

①顶板以铝土岩为主,次为黏土岩,少数地段因缺失铝土岩或黏土岩,矿体直接与炭质页岩接触。矿层与顶板铝土岩多呈渐变过渡接触,两者往往无明显界面,肉眼不易划分,仅以化学品位圈边。这主要体现在致密状铝土岩与致密状铝土矿之间。底板以铝土岩为主,次为黏土岩。

②矿区内夹石甚少,以铝土岩为主,少量黏土岩。在 369 个探矿工程控制的铝土矿体中仅 21 个见有夹石,但达到夹石剔除厚度的工程只有 4 个,分别分布在Ⅰ号矿体的 ZK5624 孔,夹石厚 0.96 m;Ⅲ号矿体的 ZK2702 孔,夹石厚

0.82 m;探槽 K210,夹石厚 2.04 m,以及 Ⅳ 号矿体的 TC_W18,夹石厚 1.68 m。夹石中 Al_2O_3 含量最高 51.98%,最低 32.36%,一般 35% ~ 50%,平均 42.63%;SiO_2 最高 42.18%,最低 21.68%,一般 25% ~ 35%,平均 31.53%;A/S 最高 1.95,最低 0.84,一般 1 ~ 1.7,平均 1.35。厚度最大 2.04 m,最薄 0.17 m,一般 0.2 ~ 0.77 m,平均 0.61 m。

4.3.5　共伴生矿产

本次对达到一般工业指标要求,又具有一定规模的硬质耐火黏土、铁钒土、镓等共伴生矿产亦进行了综合评价。其中,硬质耐火黏土矿、铁钒土矿属异体共生矿,镓属同体共生矿。

1)硬质耐火黏土矿

以铝土矿体为界,把硬质耐火黏土矿分为上下两层矿。上层矿共圈出硬质耐火黏土矿体 2 个,下层矿共圈出硬质耐火黏土矿体 9 个。硬质耐火黏土矿体由于被多条断层破坏,使得矿体分割成 4 个块体,由于各断层的性质和倾角不同,因此在储量估算时需分块进行。

2)铁钒土

在铝土矿和硬质耐火黏土矿圈出后,按铁钒土矿一般工业指标共圈出铁钒土矿体 19 个,其中铝土矿体上部铁钒土矿体 8 个,铝土矿体下部铁钒土矿体 11 个。

3)镓

由于镓与铝土矿属同体共生,且组合分析成果达综合利用指标要求,因此本次仅按组合分析成果计算了资源量。在生产氧化铝的循环母液中 Ga 富集较高,有利于碳酸化处理获取富 Ga 化合物,经氢氧化钠溶解,水溶液电解回收金属 Ga。

4.3.6 矿床成因及控矿因素

1）矿床成因

（1）成矿地质背景

渝东南地区铝土矿的形成在同生期、成岩期和后生期经历了多次地壳运动,成矿地质背景与这些地壳运动息息相关。

①晋宁运动使渝东南地区的地槽褶皱回返,形成扬子地台,形成古陆基底。

②加里东运动后半期造山期,使本区大部分地区抬升为陆,长期遭受剥蚀,至海西旋回初始仍属剥蚀区,缺失中、下泥盆统和下石炭统、上志留统、下二叠统地层,从上石炭统黄龙期后至中二叠统梁山期,长达0.4亿年侵（剥)蚀时间,造就了起伏不大的准平原地貌,并使基岩裸露于地表,处于物理、化学风化场中,为铝土矿形成的同生阶段提供了成矿物质来源。

③早二叠世起,台区整体下沉,海水淹没全区,从而使中二叠统超覆于志留、石炭系地层上,沉积了一套浅海相含硅质碳酸盐岩建造,使其底部富含铁、铝质等红土化古风化壳固结成岩;二叠世晚期因东吴运动的影响而上升,受到一定的剥蚀作用;晚二叠世沉积了一套海相硅质碳酸盐岩建造,仅底部为黏土质岩夹薄煤层。二叠纪为铝土矿成岩作用主要阶段。

④二叠纪以后的多期次造山运动是铝土矿后生作用主要阶段:

a.晚三叠纪末的印支运动,使古特提斯海关闭,本区整体上升为陆,结束了海相沉积的历史,侏罗纪四川盆地海水退出,形成典型的浅湖-湖滨沼泽沉积环境。

b.侏罗纪由于基底抬升,沉积环境向河流过渡。

c.蓬莱镇期后燕山运动致使大面积抬升,沉积终止。

d.燕山运动第三幕——四川运动之后整个川东地区全面隆起,产生了大规模的褶皱和断裂,构成了今日地貌轮廓的雏形。

e.继后有一个较长时期的稳定过程,其间进行了以外营力为主的侵蚀、剥蚀、溶蚀等地貌风化作用。

f.喜马拉雅运动以来又曾有多次的上升与相对稳定时期,逐步改变着四川运动所形成的地貌雏形。

在形成原始铝土矿层的过程中,海西期的升降运动,及其大范围的振荡运动与小范围不均匀性的运动,是区内沼泽化的主要地质营力。燕山期的褶皱变动,不仅为铝土矿的沉积创造了复杂的水文地质背景,对进入地表浅部氧化带的中二叠统梁山组地层中之初始铝土矿进行后生改造,形成了大、小不等的铝土矿体。造山运动形成的区域性褶曲、断裂,控制了现今矿床(点)的空间分布,故铝土矿床(点)的产出均赋存在主要褶曲构造的特定部位。

（2）成矿物质来源

根据成矿地质背景,加里东运动后半期造山期至海西旋回初始,该区属剥蚀区,铝土矿的成矿物质主要来源于从上石炭世黄龙期后至中二叠统梁山期基岩风化所形成的古风化壳,其机理如下。

①据近年来的研究资料表明,在有利的条件下,即时间较长的侵蚀间断面、低纬度的古地磁位置、潮湿多雨的古气候条件及相对稳定的大地构造环境下,几乎所有的岩石都可以红土化。而矿区含铝岩系之基底缺失的志留系、泥盆系及石炭系地层为硅酸盐岩及碳酸盐岩,曾经历了约0.4亿年的红土化作用,在地形平缓,完全能够形成红土型风化壳,因此,该区具有古风化壳形成的前提条件。

②铝土矿本身的结构构造具红土化特征。

a.豆鲕粒(砾屑)结构:矿区铝土矿层中的豆鲕粒内部普遍具有网状、放射状干缩裂纹,裂纹一般未穿出豆鲕粒外,并被硬水铝石、高岭石等充填,豆鲕外壳常为铝土质,其成因应属红土风化成因。因为红土型风化壳在大气中历经昼夜温差、四季温差变化,尤其是干湿交替的条件下,易产生干缩裂纹。

b.渗流管及渗流凝胶构造:矿区铝土矿矿石中普遍见渗流管构造、渗流凝胶构造,它是由黑白相间的纹层组成,黑色为铁质氧化物或有机质、钛质,浅色为硬水铝石及少量高岭石,新月形纹层多向下凸出,凹部向上。这是携带铝质、黏土质、铁质氧化物的渗流水沿孔隙向下流动的证据,是铝土物质迁移就位以后继续红土化的特征,也是红土化过程中特有的结构构造(廖士范,1986)。

③据廖士范(1986)在南川大佛岩铝土矿层中硬水铝石的氧同位素测定结果,其$\delta_{O18\text{‰}}$值为+10.9。而全球红土型铝土矿物$\delta_{O18\text{‰}}$值为+8.2~+13,平均值为+10.8(鲍尔谢夫斯基,1976);我国红土型铝土矿物$\delta_{O18\text{‰}}$值平均为+10.59,其值非常接近。因此,认为铝土矿中的硬水铝石具"红土性质",来源于古风化壳。

④作为确定铝土矿形成环境及成因,最有效的方法是与铝土矿同沉积的大量古生物化石。渝东南地区梁山组铝土矿层中,至今未发现有关海相成因的化石痕迹,与此相反,标志陆地成因的古植物、植物碎片则处处可见。另外,铝土矿含矿岩组上部富含碳质本身就是陆地环境的标志。这从另一个侧面说明,铝土矿形成于温暖潮湿气候条件下的陆地环境,其成矿物质应来源于古风化壳。

⑤微量元素在含矿岩系中的继承性使得Zr、Cr、Ga等元素稳定性高且含量特征明显,成为恢复成矿物质来源的有效方式。通过对图4.10的观察,灰岩、页岩样品和铝土矿大部分出现在Ⅲ区,这表明成矿物质来源存在多样性;同时,在不同类型的含矿岩系之间存在相似性,说明物质来源与基岩有密切关系,尤其是与志留系粉砂质页岩有关。Ga和Al在多个方面都非常相似,因此,铝土矿与母岩之间的Ga/Al值也会相似。

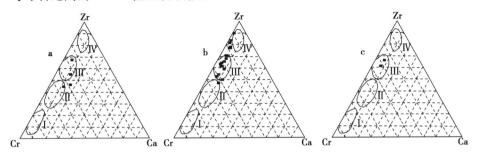

图4.10　大佛岩-川洞湾铝土矿 Zr-Cr-Ga 图解

Ⅰ、Ⅱ、Ⅲ、Ⅳ分别对应超镁铁质、镁铁质、中性或泥质、酸性岩的母岩区。

a—页岩;b—含矿岩系;c—灰岩

就此矿床而言,基底页岩或灰岩的 Ga/Al 值较其他含矿地层更高,这既表明含矿岩层储存了来自基底岩层的大部分 Ga,也表明含矿地层是由 Al 的富集过程形成的,而其相对较低的 Ga/Al 值表明基底岩石风化产物是成矿物质的主要来源。另外,矿石中 δ_{Ce} 值达到了 1.17,则进一步说明成矿物质主要来自陆源。在梁山组含矿地层中不同颗粒形态的锆石散布于黏土矿物和其他矿物之中,可以观察到其微粒状、次棱角状、平板状和次圆状等特征,由于锆石具备一种特有能力,那就是继承母岩的特性,这又一次表明成矿母岩具有陆源碎屑岩的特征。根据梁山组含矿地层中稀土元素和基底岩层中稀土元素的关系特征,二者相关系数 R 为 0.701,可推测二者是呈中等正相关关系。从梁山组含矿地层与志留系韩家店组粉砂质页岩稀土元素分布模式图(图 4.11)可知,矿石系统元素[图 4.11(a)]与志留系韩家店组粉砂质页岩[图 4.11(d)]的稀土元素配分模式曲线相似。这表明,成矿物源主要来自下伏志留系韩家店组粉砂质页岩。

综上所述,该区铝土矿不仅成矿物质来源于古风化壳,而且在成矿物质迁移就位以后,仍在继续进行红土化。这说明成矿物质的搬运距离较短,应是原地或准原地堆积。

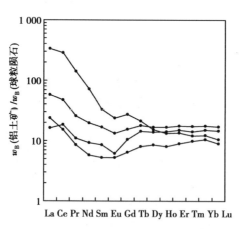

(a)

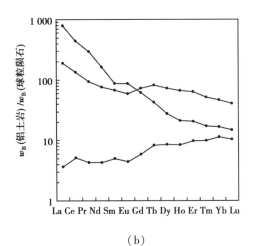

（b）

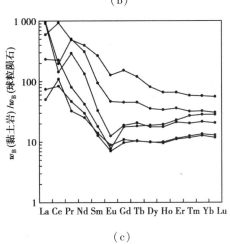

（c）

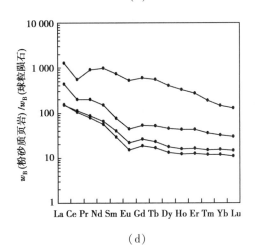

（d）

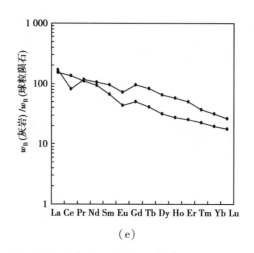

（e）

图4.11　大佛岩-川洞湾铝土矿稀土元素球粒陨石标准化分布模式

（3）成矿物质的迁移方式

首先,铝土物质呈胶体状态迁移的可能性较小,虽然陆地上的红土风化作用易形成铝凝胶,但是这种呈胶体状态的氧化铝难以迁移,特别是它进入河、湖、海域以后,易被水体破坏。所以在河、湖、海域中铝难以形成胶体沉积。其次,铝土物质不可能呈化学真溶液的状态迁移。因为现在的海、湖、河水中,以及我国许多铝土矿区的地下水中,Al_2O_3 或 Al^{3+} 的含量甚微,有的分析不出来,甚至没有,所以铝土物质在自然条件下,溶解于水呈化学真溶液的可能性甚小。另外,从铝元素的地球化学性质来说,它要在强酸、强碱(pH<4 或 pH>10)的介质条件下才能溶解,而天然的海水、湖水、河水很难有此物理化学条件。因此,古风化壳中的铝土物质如果要迁移的话,只可能呈碎屑形式迁移。其迁移方式分为干迁移和湿迁移,以湿迁移为主。

①干迁移:此种迁移方式一般在旱季进行,即受季节风的影响,将含铝古风化壳风化为碎屑形后迁移至低洼区就位。

②湿迁移:雨季时,由于洪水的作用,通过地表径流将含铝古风化壳物质迁移至低洼封闭区就位。

由铝土矿迁移方式可知,原始铝土矿只能以残积形式在原地或其附近低洼的封闭环境中残积。

（4）后生改造作用

铝土矿后生改造作用的关键因素是地下水活动。由二叠纪以后的印支运动、燕山运动、喜马拉雅运动等造山运动将本区的铝土矿层抬升到地表浅部,严格意义上来说是抬升到滞流层以上,地下水活动才能起到改造作用。因为 SiO_2 一般情况下弱溶于水,滞流层地下水硅处于饱和状态,不能再溶解硅,且滞流层地下水排泄受限,不能带走硅而对铝土矿后生改造不起作用;滞流层以上潜水面以下的平流层地下水,由于潜水面以上的地下水补给,平流层地下水溶解的硅处于未饱和状态,能溶解少量硅,通过排泄带走少量硅而对铝土矿后生改造起到一定的作用;渗流带地下水和地表水主要由大气降水补给,而大气降水由液态水蒸发形成的水蒸气冷凝而成,故不含硅而含 CO_2、O_2 等,比平流层地下水能更好地溶解硅,且渗流带地下水是向下流动的,具有很好的排泄条件,对铝土矿后生改造起到关键作用。

（5）形成环境探讨

铝土矿中微量元素含量特征对铝土矿成矿环境具有一定的指示意义。铝土矿矿石中镓含量普遍高于 20×10^{-6},钒含量普遍高于 110×10^{-6},具有明显的陆相沉积特征。利用碳、氧同位素研究该矿床形成时的古盐度时发现,含矿岩层发育于淡水环境成岩区域,但古盐度含量值差异较大,推测是后期的含盐量较高的海水注入淡水环境所致。据 Eu 与 Ce 异常系数 δ_{Eu}、δ_{Ce} 分析,可以得出该矿床为轻稀土富集型,主要分布于陆相黏土岩中,并且呈现 Ce 正异常和 Eu 强负异常特征,说明铝土矿成矿阶段发生于淡水环境中。此外,Eu 元素只有在酸性或中性环境条件下才能溶解,通常会在原地保存,由此可以推测当时的环境是弱酸性的。同时,样品 $w(Ce)$ 正异常表明当时成矿区所处环境可能是氧化环境。另外,采用 V/Cr 值进行初步分析,也可以发现该矿床的形成环境以氧化为主。研究结果显示,该矿床形成于陆缘近海湖,主要以陆相沉积为主,但也存在海水入侵的可能性。

（6）成矿作用机理

古陆基底之上的铝硅质岩和碳酸盐岩在地表经物理、化学风化作用，形成红土，再经土化作用，即经溶蚀、淋滤使 K、Na、Ca、Mg 等易溶物及部分 Si 流失，如此不断地反复进行，使铝土质富集形成红土化古风化壳，以残积形式在原地或准原地堆积，形成原始铝土矿层。

由于地壳下降，接受沉积，形成盖层，随着上覆沉积物的厚度不断加大，其中的有机质吸收游离态的氧使本身腐烂，分解成 CO_2、NH_3、H_2S 等气体，使原来的氧化环境转变成还原环境。在此条件下，沉积物中的固相物质 $CaCO_3$、$MgCO_3$ 等与水长期接触溶解释放出 Ca^{2+}、Mg^{2+}，使水溶液碱性增加，从而能溶解部分固相 SiO_2，再由流水将溶解的硅和其他碱质带走，由此使铝质相对富集，形成固化铝土矿。这也是有机质越多，铝土矿品位相对较高的原因之一。

后生富集，后期造山运动使固化铝土矿层随地壳抬升到地表浅部后由地表水和地下水的后生改造作用使硅质淋失，铝质进一步富集，形成品位较富的具有工业价值的铝土矿矿床。成矿作用机理如图 4.12 所示。

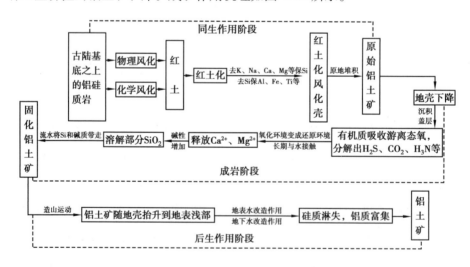

图 4.12　古风化壳残积改造型铝土矿成矿作用机理示意图

（7）区域成矿模式

所谓区域成矿模式,指的是对区域矿产地质工作的综合总结和概括,通过此种方式呈现出区域成矿规律。黔中-渝南沉积型铝土矿在这方面有着其独特的特点。

黔中—渝南地区位于扬子准地台西部长期隆起的遵义断拱内,蕴藏了石炭纪铝土矿以及含矿岩系,隶属于极为复杂的加里东构造阶段。而经历了都匀运动和广西运动的这个区域,则见证了两次重要的地壳升降运动,其演化过程异常复杂。随着这两次地质事件的爆发和完结,寒武纪、奥陶纪以及早志留世海相地层不断抬升,最终化为大陆高地,谱写了一曲长达数亿年的升降变幻之歌。经历了漫长的风化和剥蚀过程之后,到达泥盆纪末期,成矿区周边已形成广袤地台平地。紫云运动经历时间大概是晚泥盆世末期至早石炭世,运动期间地壳升降运动剧烈,造成了地壳向南漂移。贵阳、惠水、平塘、罗甸,以及遵义和道真等地起初位于北纬24°附近,经历了一段漫长地壳向南运动历程,在早石炭世岩关期到达北纬15°附近,大塘期晚期到达北纬8.7°,晚石炭世期间降至北纬7.8°—8.2°。所处之地为地球赤道地带的热带气候区域,其经过长期的暴露和风化活动,使得寒武纪、奥陶纪及下志留系的碳酸盐岩、泥页岩及碎屑岩成功地转变为含钙的红土和红色泥土,形成广泛分布的风化壳,包含深埋铝土矿层所必需的大量含水铝矾土。随后,在早期石炭纪-岩关期期间,海水逐渐撤退,导致早期至中期石炭纪的含矿铝土矿系列——九架炉组,在修文和息烽—遵义两个区域大规模地沉积下来。这种过程为未来铝土矿矿化的成矿物质提供了充足的前提条件,为铝土矿的形成奠定了坚实的基础。

在黔北的绥阳-正安-道真沉积区,最初的地质形成事件发生在早石炭世岩关期,当时形成了第一批含三水铝石红土风化壳。接下来,在晚石炭世,也就是滑石板期—达拉期间,绥阳-正安-道真沉积区经历了海侵事件,黄龙组石灰岩地层就是这次海侵时形成的。随后,该沉积地层被红土化,这就是第二批含三水铝石的红土风化壳的形成过程。在经历晚石炭世马平期海水缓慢消退的过程中,铝土矿含矿地层—大竹园组和梁山组是这一时期形成的。同时,在川、滇、黔地区广泛分布的峨眉山玄武岩则被国际地学界公认为大火成岩省的地质产物。研究人员胡瑞忠等根据多项证据,进一步确认了峨眉山大火成岩省源自峨眉地幔柱活动的结论。具体而言,王登红根据地幔柱经过自核幔边界上升到地表的复杂演化过程,将其历程划分为包括初始阶段、上升阶段、壳幔相互作用阶段以及喷发-消退阶段 4 个演化阶段。峨眉地幔柱玄武岩浆的主要喷发期约为256 Ma。

在约 256 Ma 前,即峨眉山玄武岩主喷发期之前的 4.44～3.06 Ma 期间,都匀、广西、紫云和道真 4 次运动相继发生。此时正处于峨眉地幔柱演化的进程中,这些地幔柱分布在地壳之下,物质和辐射能量被源源不断地从地壳输送上来,导致地壳活动频繁,发生剧烈变化。需要说明的是,在此期间形成位于扬子准地台内的遵义断拱隆起区,同时还含有红土风化壳和铝土矿,这些地质形态也是在此期间逐步形成的。

在中二叠世与晚石炭世马平期之间,发生了一次构造运动,即黔桂运动。在黔桂运动发生过程未形成早二叠世地层。黔桂运动导致了规模庞大的海侵作用,其结果是梁山组与栖霞组等地层出现假整合接触关系,直接覆盖在九架炉组和大竹园组等地层之上。

在晚二叠世与中二叠世之间,发生了一次大规模构造运动,即东吴运动。这次构造运动在地质史中非常重要。东吴运动主要发生在贵州西部和中部地区,其运动期间引起峨眉山玄武岩的大量喷发和同源辉绿岩的侵入,这些现象可以视为峨眉地幔柱喷发阶段所形成的产物。

燕山运动是一次强烈的造山运动,发生在白垩纪初到侏罗纪末,其深刻影响着地质构造和历史地形地貌,主要发生地区几乎包括贵州全境及渝南地区。燕山运动引起了前期地质历史中形成的地层发生大规模的生褶皱和断裂,这为今天地质学家研究地质构造演化和地形地貌变迁提供了宝贵依据。同时,燕山运动造成铝土矿在含地层的向斜中大规模富集,进一步丰富了该地区的地质资源。

喜马拉雅构造运动,起源于古近纪的始新世,并一直持续到第四纪。这一系列运动导致了石炭纪铝土矿及其相应的矿化岩层严重破坏和强烈剥蚀。但是,从有利方面说,这些构造运动导致地层抬升而长期遭受风化和剥蚀作用,导致志留系、泥盆系和石炭系部分或全部消失,引起部分铝土矿体出露地表或接近地表的位置,进而造成了表生富集的作用。本区沉积型铝土矿的区域成矿模式如图4.13所示。

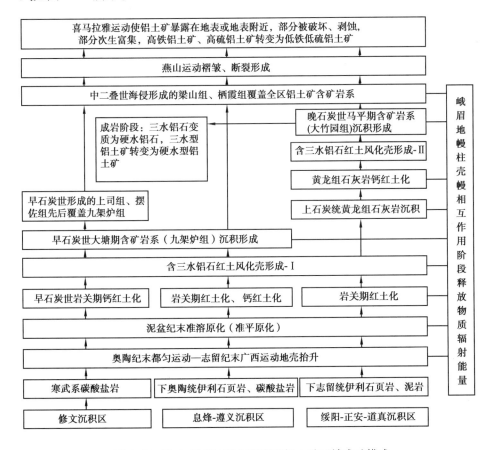

图4.13 黔中-渝南石炭纪沉积型铝土矿区域成矿模式

2）控矿因素

大佛岩-川洞湾铝土矿在形成过程中，不仅受到地层的控制，还受到古地貌、古环境、古地理等因素的控制。在志留纪后期，加里东运动的影响使渝东南地区整体上升形成陆地，但由于长期受到风化和剥蚀的影响，该地区的一些地层，如志留系上统、泥盆系和石炭系可能部分或全部消失。因此，在该研究区可观察到自数亿年前开始形成的多层沉积岩层，这些岩层间隔极为明显、持续时间漫长。而在晚石炭纪或早二叠纪初期，由于海西运动的影响，该区域地壳发生下沉，南西和北东方向海洋水体涌入该区域，并在此堆积形成了具有铝质组成的岩石岩组。这些岩石主要是古风化壳中的铝土物质在原地或近于原地的区域沉积作用而构成的。

（1）古环境因素

在早二叠世以前，该区为上扬子古陆的一部分，区域岩相分析所揭示的信息表明，东侧地域为下扬子的浅海环境，具备悬浮质和沉积物混入，故其地质岩石组成呈地平线状分布；南侧地域为黔北分水岭，包括地质形态和地貌形态都相对平坦，且该区域所沉积岩石分布呈水平垂向层状分布。古地理位置位于古陆靠近海洋的地带，在温暖潮湿的气候条件下形成了铝土矿的成矿环境。通过古地磁研究，发现该地区在晚古生代时位于低纬度或赤道带（大约8.2°），属于热带和亚热带气候。研究发现，矿区总体沉积环境为淡水河口湖或泥质潟湖，成矿地形则是潮间带和潮下带的交界区域，且由于受海洋潮湿多雨的气候影响，各种风化作用都受到了促进。

（2）古地貌因素

铝土矿的形成需要长期的风化剥蚀作用，这可以在准平原化地形中实现（图4.14）。如果物理风化作用比化学风化作用强，那么准平原化的程度就会较低，而这对铝土矿的形成不利。当准平原化程度较高时，化学风化作用能够较好地进行，这种地形如喀斯特洼地和低谷地貌能够促使铝土矿母岩物质从早期汇集起来。研究区铝土矿是在志留系下统韩家店组或上石炭统黄龙组的不整合面上发育的。在水介质的渗透淋滤过程中,铝土矿母岩物质经过风化同时带走易溶物,并且脱硅、排铁并富含铝,促成了铝土矿的形成。

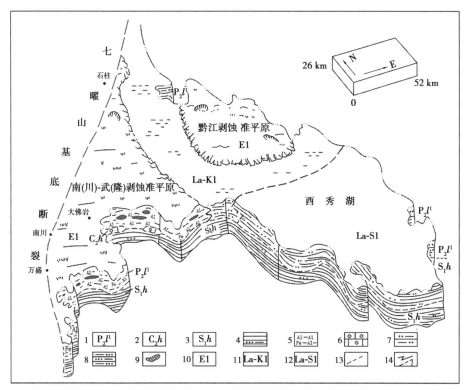

1—中二叠统梁山组;2—上石炭统黄龙组;3—下志留统韩家店组;4—砂质页岩;5—铝硅岩铁铝岩、铝铁岩型风化壳(含矿岩系);6—结晶灰岩;7—含煤碎屑岩建造;8—碎屑岩建造;9—铝土矿体;10—残积相;11—淡水湖相—滨湖亚相;12—淡水湖相—浅湖亚相;13—假整合地层界线;14—沉积相、亚相界线

图4.14 渝东南中二叠世梁山早期古地貌示意图

(3)构造因素

铝土矿的形成需要一个相对稳定的古构造环境来保存风化壳铝土物质,以避免其流失。之前的研究表明,后期构造运动对铝土矿的富集有重要作用。当岩层产生裂隙和压溶作用后,地下水的积极参与和影响会引起矿层的交代作用和后生矿物的形成,特别是在褶皱转折处,这也是铝土矿区有断层经过处矿石

品位普遍较高的原因。随着地壳的上升,深埋地下的原始铝土矿层又返回地壳浅部,并参与大气环境下的循环,形成不同的矿物质,从而使铝质矿物富集,黏土矿物中的硅质流失,形成铝土矿床。

(4)地层因素

通过对所在地区进行钻探比较,研究人员发现铝土矿广泛分布在二叠系下统梁山组以下和志留系韩家店组(石炭系黄龙组)以上具有特殊层序的地质层位中。值得注意的是,除了这些特定的层位,目前还未发现其他层位储藏有铝土矿。此外,高品位的矿石主要集中在含矿层位的中上部和中部,而较低品位的矿石则主要分布在层位的上下部。至于高品位矿石的类型,主要包括土状、豆状和砾屑状铝土矿等,同时也存在着少量的致密块状铝土矿。相较之下,贫矿主要分布在含矿层位的上部和下部,其主要矿石类型包括铝土岩和黏土岩。

综上所述,大佛岩-川洞湾铝土矿床属古风化壳沉积改造型,其位于下二叠统梁山组中,并受梁山组地层的严格控制。铝土矿的展布方向和范围由北北东向发育的向斜构造控制。该地形为准平原化地貌,长期风化剥蚀作用和相对稳定的大地构造环境有利于铝土矿的形成和保存。古地貌是控制成矿的关键因素,而古环境则对铝土矿的形成和产出产生了制约作用。

4.3.7　硫的来源分析

硫在铝土矿中为有害元素,铝土矿中硫的来源与铝土矿的形成阶段紧密相关。铝土矿中硫的来源根据铝土矿成矿阶段可以较为方便地划分为三类,即铝土矿同生期硫的来源、铝土矿成岩期硫的来源、铝土矿后生期硫的来源。铝土矿中硫的来源分析如图4.15所示(红色部分为硫的来源分析,其余部分为铝土矿成矿机理分析)。

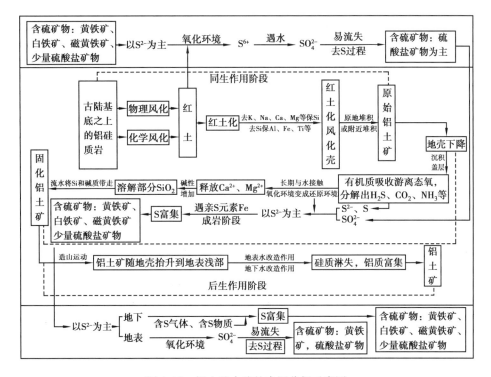

图 4.15　铝土矿中硫的来源分析示意图

1）铝土矿同生期硫的来源

古陆基底之上近 0.4 亿年之久的沉积间断面,形成了含有铝土矿、黏土矿物、铁和钛氧化物、含硫矿物等的古风化壳,其中含硫矿物如黄铁矿、白铁矿、磁黄铁矿及少量硫酸盐矿物等。在风化剥蚀和红土化过程中处于氧化环境时,以六价硫为主,负二价硫及单质硫在氧化环境中容易形成六价硫。六价硫易溶于水,容易形成游离态硫酸根离子,不容易保存,在铝土矿形成的同生期,铝土矿硫的含量很低,这也是现代形成的铝土矿或红土型铝土矿含硫量低的原因。这个时期,铝土矿中含硫矿物主要是硫酸盐矿物,如硫酸钙、硫酸铁,极少量黄铁矿、白铁矿、磁黄铁矿等。

2）铝土矿成岩期硫的来源

铝土矿成岩期是铝土矿中硫富集的重要时期。中二叠纪起,台区整体下沉,使中二叠纪以后形成的地层超覆于沉积间断的古风化壳之上,使其底部富含铁、铝质等红土化古风化壳固结成岩。

在铝土矿成岩阶段,由于古风化壳接受沉积盖层,形成一个封闭环境。在封闭环境中,其中的有机质吸收游离态的氧使本身腐烂,形成腐殖质,腐殖质主要由 C、H、O、N、S 等元素组成,还有少量的 Ca、Mg、Fe、Si 等元素。腐殖质在形成过程中缓慢分解出 CO_2、NH_3、H_2S 等气体,由氧化环境转变为还原环境。在还原环境中,六价硫还原至负二价硫,同时腐殖质分解释放出来的负二价硫及 S,均容易和亲硫元素 Fe 结合,生成黄铁矿、白铁矿、磁黄铁矿等,使 S 富集。因此,在铝土矿成岩阶段,因为有腐殖质形成过程的存在,形成还原环境,对铝土矿中硫的含量有很大影响。在铝土矿成岩阶段,有机质中硫是铝土矿中硫的重要来源之一。

在铝土矿成岩阶段,有机质的分解过程对铝土矿的改造起到了重要作用,但同时也大大提高了铝土矿中有害元素硫的含量。

3)铝土矿后生期硫的来源

铝土矿后生期对铝土矿中硫的作用有两个过程,即去硫化过程和形成硫化物过程。

(1)去硫化过程

后期造山运动使固化铝土矿层随地壳抬升到地表或浅部,使地表铝土矿中硫化物接触到大气中的氧,浅部铝土矿接触到渗流带(包括构造形成的渗流带)之地表水、地下水所携带的氧,使铝土矿成岩期的还原环境有所改善,局部转变为氧化环境,从而使部分负二价硫及单质硫转化为六价硫形成硫酸根,部分形成游离态硫酸根离子,渗流带的水将游离态硫酸根离子带走,形成去硫化过程。这也是地表或浅部铝土矿中硫的含量相对较低的原因。

(2)形成硫化物过程

深部铝土矿仍然处在还原环境中,仍然缓慢地继续着铝土矿成岩期硫化物形成过程。另外大气中极少量的含硫气体或者地表含硫污染物通过渗流带的水携带到地下,参与硫化物形成过程。

　　总之,铝土矿中的硫主要来源于铝土矿成岩期的有机质中硫和转化铝土矿同生期的硫酸盐矿物的硫,其次是后生期的有机质中的硫,极少量来源于后生期的含硫气体及地表含硫物质。铝土矿中含硫矿物主要是黄铁矿,其次为白铁矿、磁黄铁矿,少量为硫酸盐矿物等。

4.4　有益元素赋存特征

　　铝土矿成矿过程十分复杂,通常会富集锂、镓、钒、钛、铌、钽和稀土等金属元素,其中伴生 Ga、Li 和稀土元素富集非常明显。许多专家学者对黔中北-渝南铝土矿进行了长期研究,取得了丰硕的成果,主要表现在铝土矿的岩石学、矿物学、矿床特征、沉积环境、沉积相、地球化学特征,但对矿床有益元素的赋存特征研究不足。

4.4.1　主量元素赋存特征

　　根据表 4.11,岩石主要成分为 Al_2O_3(21.74% ~ 69.82%,平均 42.54%)、SiO_2(6.46% ~ 43.58%,平均 31.33%)、TiO_2(0.74% ~ 4.12%,平均 1.82%)、Fe_2O_3(0.86% ~ 32.48%,平均 7.75%)、K_2O(0.06% ~ 5.16%,平均 1.71%)、Na_2O(0.18% ~ 1.81%,平均 0.84%)、CaO(0.12% ~ 1.88%,平均 0.59%)、MgO(0.12% ~ 3.89%,平均 1.06%)、烧失量(4.98% ~ 15.56%,平均 12.19%),此外岩石中还发现有一定量的 P_2O_5 和 MnO,多数质量分数小于 0.1%。在铝土矿体层及顶板、底板的不同层位,顶板和矿层中的 Al_2O_3 含量明显大于底板岩层。SiO_2 的在底板含量最高,其他部位相对偏低。TiO_2 的高值区出现在铝土矿体层附近,且相对较稳定,一般样品数值处于 1% ~ 2%。Fe_2O_3

在底板的含量明显高于铝土矿体层和顶板的含量,大概率是黄铁矿和针铁矿等矿物在成矿后期底板岩层更有利于 Eh 和 pH 的富集(图4.16)。K_2O 高值主要出现于底板岩层,偶尔出现于顶板岩层,铝土矿体层含量较低。Na_2O、CaO 和 MgO 在底板的含量相对顶板和矿体层高,应该是底板高岭石等黏土类物质较多,Al_2O_3 和高岭石等物质可以交换 Na^+、Ca^{+2} 和 Mg^{+2},从而引起含 Na、Ca 和 Mg 等矿物的富集。总体而言,与原生铝土矿相比沉积型铝土矿具有高 Al_2O_3 特征和相对较低的 Fe_2O_3、SiO_2 含量。

大佛岩-川洞湾铝土矿区样品电子探针图像,证实了锐钛矿、金红石、锆石等副矿物多发育在硬水铝石中的说法(图4.17),且从图中可以发现 Ga、Ti、Cr、Zr、Nb、Ta 等元素在副矿物中含量相对较高,说明三水铝石的含量与上述元素含量成正比。硬水铝石中 Al_2O_3 的含量较高,其次伊利石、高岭石、绿泥石中也发现有铝存在。Fe_2O_3 在赤铁矿、针铁矿、褐铁矿、黄铁矿、菱铁矿等矿物中相对其他副矿物较常见。K_2O、Na_2O 主要富集于高岭石、伊利石等黏土类矿物中,绿泥石中富集有少量 MgO。铝土矿成熟度越高,硬水铝石就越多,黏土矿物、铁矿物、绿泥石、硫铁矿、碳酸盐矿物等就越少。根据 SPSS 软件分析 Al_2O_3 和 SiO_2,TiO_2、Fe_2O_3、K_2O、Na_2O、MgO、CaO、Li、Sc、V、Ga、Nb、Ce、Nd、$\sum REE$ 共15项之间的相关关系,Al_2O_3 与 SiO_2、TiO_2、Sc 元素明显相关,具体来看,Al_2O_3 和 SiO_2 之间的相关系数为-0.642,并呈现出 0.01 水平的显著性,说明 Al_2O_3 和 SiO_2 之间有着显著的负相关关系。Al_2O_3 和 TiO_2 之间的相关系数值为 0.446,并呈现出 0.05 水平的显著性,说明 Al_2O_3 和 TiO_2 之间有着显著的正相关关系。Al_2O_3 和 Sc 之间的相关系数值为-0.495,并呈现出 0.05 水平的显著性,说明 Al_2O_3 和 Sc 之间有着显著的负相关关系。除此之外,Al_2O_3 与其他12项之间的相关关系数值并不会呈现出明显的相关性(表4.12)。

表4.11 大佛岩-川洞湾铝土矿区主要氧化物含量（$w_B/\times10^{-6}$）

样品	矿石名称	SiO$_2$	Al$_2$O$_3$	TiO$_2$	K$_2$O	Na$_2$O	Fe$_2$O$_3$	MgO	CaO	MnO	P$_2$O$_5$	烧失量	总计
DFY-109	土状铝土岩	36.52	42.85	1.26	0.45	0.68	3.12	0.58	0.68	0.01	0.04	13.80	99.99
DFY-110	豆鲕状铝土岩	26.02	49.29	1.45	0.71	0.62	4.43	2.52	0.18	0	0.08	14.60	99.90
DFY-111	致密状铝土岩	34.85	43.09	1.35	1.70	1.18	2.78	1.88	0.16	0.01	0.05	12.88	99.93
DFY-112	豆鲕状铝土岩	32.02	45.03	2.50	0.91	0.66	4.69	0.61	0.38	0.01	0.03	13.25	100.09
DFY-113	含铁致密铝土岩	32.12	38.05	1.01	4.35	1.21	6.75	1.48	1.88	0	0.05	12.98	99.88
DFY-114	致密状铝土岩	35.98	42.12	2.25	0.76	1.33	3.02	0.68	0.21	0.02	0.07	13.66	100.10
DFY-115	鲕状铝土岩	33.42	40.39	2.08	5.08	0.82	6.36	1.92	0.15	0.00	0.06	9.45	99.73
DFY-116	豆鲕状铝土岩	35.27	42.13	2.75	0.06	0.18	2.76	0.12	0.88	0.02	0.03	15.56	99.76
DFY-117	致密状铝土岩	31.14	43.05	1.31	0.68	0.96	7.05	1.48	0.41	0.01	0.09	13.85	100.03
DFY-101	致密状铝土矿	26.15	48.30	3.26	0.08	0.42	7.23	0.13	0.38	0.02	0.02	13.95	99.94
DFY-102	致密状铝土矿	22.02	59.13	2.15	0.16	0.36	0.97	0.24	0.39	0.01	0.05	14.42	99.90
DFY-103	豆鲕状铝土矿	7.58	66.12	3.86	1.21	0.43	4.88	0.51	0.48	0.01	0.04	14.82	99.94
DFY-104	豆鲕状铝土矿	23.94	58.22	2.46	0.72	0.52	0.86	0.13	0.38	0.00	0.04	12.50	99.77
DFY-105	致密状铝土矿	23.41	55.28	2.87	1.45	1.81	1.36	0.48	0.18	0	0.06	13.14	100.04
DFY-106	致密状铝土矿	22.02	57.42	2.33	0.94	1.55	1.96	0.52	0.12	0	0.11	13.02	99.99
DFY-107	豆鲕状铝土矿	6.46	69.82	4.12	0.39	0.38	5.15	0.26	0.33	0.00	0.02	12.92	99.85
DFY-108	含鲕粒铝土矿	25.01	50.35	1.02	0.28	1.15	5.95	0.84	0.42	0.22	0.05	14.74	100.03

续表

样品	矿石名称	SiO$_2$	Al$_2$O$_3$	TiO$_2$	K$_2$O	Na$_2$O	Fe$_2$O$_3$	MgO	CaO	MnO	P$_2$O$_5$	烧失量	总计
DFY-132	黏土岩	41.35	39.06	1.87	5.16	0.80	4.06	0.87	1.62	0.03	0.14	4.98	99.94
DFY-133	黏土岩	42.17	37.05	0.88	3.01	0.82	5.86	0.85	0.92	0.15	0.06	8.33	100.10
DFY-134	含镓黏土岩	30.69	26.71	0.63	0.52	1.15	25.91	3.89	1.18	0.10	0.07	9.14	99.99
DFY-135	铁质黏土岩	33.93	28.22	1.57	0.21	0.65	24.89	1.95	1.52	0.02	0.04	6.88	99.88
DFY-136	铁质黏土岩	41.88	28.56	0.95	3.08	0.81	9.75	1.87	0.38	0.00	0.08	12.45	99.81
DFY-137	铁质黏土岩	40.00	35.42	1.80	2.84	0.41	6.81	1.38	0.56	0.00	0.11	10.68	100.01
DFY-138	豆镓状黏土岩	28.28	21.74	0.90	0.63	0.85	32.48	0.60	0.97	0.02	0.06	13.24	99.77
DFY-139	水云母黏土岩	43.58	29.21	1.24	2.92	1.32	9.6	0.38	0.42	0.00	0.08	11.14	99.89
DFY-140	炭质黏土岩	38.55	26.09	0.74	3.51	1.02	16.35	1.08	0.22	0.00	0.06	12.23	99.85
DFY-141	灰绿色黏土岩	39.23	34.99	0.89	5.28	0.77	7.60	0.88	0.48	0.02	0.50	9.15	99.79
DFY-142	铝土质黏土岩	43.55	33.47	1.59	0.78	0.58	4.33	1.43	0.54	0.01	0.07	13.56	99.91

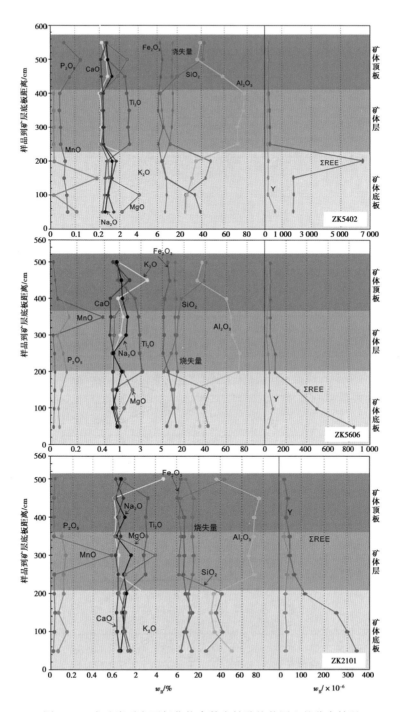

图 4.16 含矿岩系主要氧化物参数在钻孔柱状图上的分布情况

表 4.12 大佛岩-川洞湾矿区 28 件样品化学成分相关性矩阵（$\gamma 0.05 = 0.220$）

项目	Al_2O_3	SiO_2	TiO_2	Fe_2O_3	K_2O	Na_2O	MgO	CaO	Li	Sc	V	Ga	Nb	Ce	Nd	$\sum REE$
Al_2O_3	1															
SiO_2	-0.64	1														
TiO_2	0.45	-0.44	1													
Fe_2O_3	-0.34	0.28	-0.31	1												
K_2O	-0.22	0.04	-0.12	0.00	1											
Na_2O	-0.18	0.16	-0.33	0.01	0.36	1										
MgO	-0.40	0.37	-0.49	0.46	0.28	0.27	1									
CaO	-0.35	0.17	-0.23	0.26	-0.12	-0.12	0.06	1								
Li	-0.37	0.27	-0.06	0.09	0.07	0.05	0.08	-0.03	1							
Sc	-0.50	0.48	-0.18	0.11	0.14	0.01	0.24	0.10	0.55	1						
V	0.08	-0.02	0.21	-0.11	-0.15	-0.05	-0.25	0.05	-0.02	0.00	1					
Ga	0.15	-0.33	0.12	-0.03	0.17	0.11	-0.04	-0.03	-0.04	-0.22	0.10	1				
Nb	0.09	0.00	0.14	0.03	-0.32	0.07	-0.01	-0.17	0.07	0.03	0.17	0.03	1			
Ce	-0.03	-0.13	-0.10	0.12	0.01	-0.15	-0.07	0.28	-0.05	-0.11	-0.20	0.10	-0.16	1		
Nd	0.01	-0.16	-0.07	0.09	0.04	-0.21	-0.04	0.24	0.01	-0.10	-0.17	0.11	-0.19	0.85	1	
$\sum REE$	0.01	-0.19	-0.09	0.09	-0.01	-0.22	-0.06	0.27	-0.04	-0.09	-0.19	0.08	-0.19	0.91	0.91	1

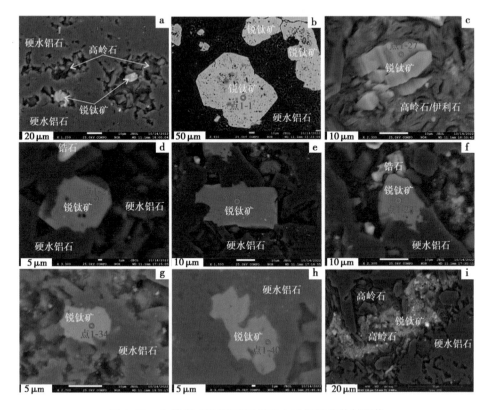

图 4.17　大佛岩-川洞湾矿区样品电子探针背散射图像

1)平面上 Al_2O_3 分布特征

通过统计大佛岩-川洞湾矿区 78 个探矿工程 Al_2O_3 的含量(表 4.13、表 4.14),绘制主矿物 Al_2O_3 含量等值线图(图 4.18)。由图可知,大佛岩-川洞湾矿区 Al_2O_3 平面上质量分数离散程度小,属于较均匀类型。对比岩相图,Al_2O_3 等高值区与沉积相位置关系较为紧密。研究区出现 3 处高值区和 3 处低值区,高值区分别出现在矿区北西角、矿区北部及矿区中部,低值区分别出现在矿区西部 2 处和矿区东南角 1 处。最高点出现在探槽 TC102 处,Al_2O_3 含量为 60.06%;最低点出现在钻孔 ZK3618 处,Al_2O_3 含量为 27.01%。从整体来看,Al_2O_3 含量高值区主要出现在鲕状铝土岩和碎屑状铝土岩区域;Al_2O_3 含量低值区主要出现在泥状铝土岩和绿泥石黏土岩区域。

表 4.13   探槽编号及单工程 Al_2O_3 品位表

工程编号	Al_2O_3/%	工程编号	Al_2O_3/%	工程编号	Al_2O_3/%	工程编号	Al_2O_3/%
A11	44.00	A54	55.16	K200	53.22	K67	46.27
A17	41.36	A58	58.66	K204	57.32	K7	59.72
A20	59.77	C209	53.69	K208	55.03	L194	39.25
A22	41.28	C56	41.31	K41	53.21	TC202	42.91
A24	47.13	K100	51.71	K45	45.18	TC203	54.54
A27	34.63	K181	33.65	K46	51.67		
A30	51.89	K185	29.93	K58	50.67		
A47	50.23	K187	40.81	K63	46.08		

表 4.14   钻孔编号及单工程 Al_2O_3 品位表

工程编号	Al_2O_3/%	工程编号	Al_2O_3/%	工程编号	Al_2O_3/%	工程编号	Al_2O_3/%
CK3	34.02	CK55	43.78	ZK3235	47.32	ZK5807	44.69
CK15	29.90	CK58	41.68	ZK123	43.03	ZK5811	43.66
CK16	31.21	CK66	47.57	ZK107	51.85	ZK6011	34.23
CK18	26.58	CK68	44.21	ZK115	41.70	ZK6312	38.52
CK22	29.73	CK69	31.27	ZK109	44.30	ZK1703	34.81
CK29	32.26	ZK127	46.13	ZKl17	44.00	ZK1903	33.32
CK36	43.59	ZK137	37.88	ZK110	46.82	ZK2104	46.39
CK38	34.52	ZKl18	40.82	ZK131	33.77	ZK2312	38.95
CK39	47.41	ZK125	41.84	ZK5216	44.61	ZK2504	42.59
CK4	40.19	ZK130	39.85	ZK5406	47.50	ZK2508	38.08
CK48	40.60	ZK113	44.91	ZK5604	44.06	ZK2702	42.00
CK49	37.89	ZK122	49.49	ZK5803	39.72	ZK2706	38.84
CKSO	47.53	—	—	—	—	—	—

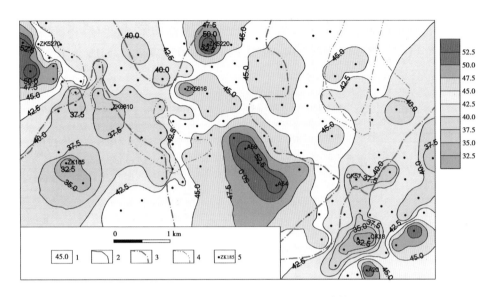

图 4.18　大佛岩-川洞湾矿区 Al_2O_3 含量等值线图

1—Al_2O_3 质量分数;2—等值线;3—沉积亚相分界线;

4—沉积微相分界线;5—样品位置及工程编号

2)剖面上 Al_2O_3 分布特征

以钻孔 ZK4816 和 ZK4810 柱状图为例,分析垂向剖面上的沉积岩相与 Al_2O_3 分布特征的关系(图 4.19)。在 ZK4816 和 ZK4810 垂向剖面中,Al_2O_3 质量分数与赋矿地层岩性类型具有密切的相关性,在高岭石等黏土矿物中,其质量分数多数不大于 20%;在泥状铝土岩等矿物中,其质量分数约 20%;在鲕状铝土岩等矿物中较为富集,其质量分数一般 30% ~60%;在豆状铝土岩等矿物中最为富集,其质量分数一般大于 60%。在铝土矿体层及顶板、底板的不同层位,顶板和矿体层的 Al_2O_3 含量明显大于底板岩层。

3)Al_2O_3 矿体厚度变化特征

大佛岩-川洞湾铝土矿区 I 号铝土矿体规模最大,总体上较为稳定,矿体中间出现 4 处较薄区域,较薄区域均分布于南侧,最大一处厚度较薄区域,呈多边形不规则状。I 号铝土矿体最大厚度达 6.00 m,最小厚度为 0.10 m,一般情况下为 1.0 ~ 2.50 m,矿体平均厚度为 1.93 m,变化系数 58.12%,属较稳定型。平均品位:Al_2O_3 62.14%、SiO_2 14.76%、Fe_2O_3 5.59%、TiO_2 2.53%、S 1.23%、LOSS 13.93%,A/S 4.21。

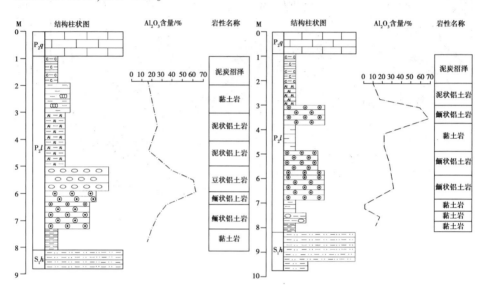

图 4.19 大佛岩-川洞湾矿区 ZK4816 和 ZK4810 柱状图

根据工业指标圈定的铝土矿矿体厚度与赋矿地层厚度成正相关性,而与地层走向、倾向、埋深无关。大致关系是赋矿地层厚处于 6 ~ 9 m,矿体厚度大稳定性较好。除此以外,偶尔出现厚度大矿体,多数时候矿体较薄,稳定性差,如 ZK5220 孔,含矿岩系厚度 11.29 m,而矿体厚度则有 6.00 m,如此类型的工程尚有不少。矿体厚度变化如图 4.20 所示。

4)富矿体分布特征

大佛岩-川洞湾铝土矿区 Ⅰ 号矿体内按 $Al_2O_3 \geq 62\%$,$A/S \geq 7$ 和 $Al_2O_3 < 62\%$,$1.8 \leq A/S < 7$ 的工业指标,可划分为富矿体和贫矿体,共圈出 13 个铝土矿富矿体,其中 10 个分布在矿区东部和北部,与铝土矿矿体厚度等值线有一定的相关性,3 个分布在矿区东南部。除了铝土矿富矿体,其余均为贫矿,主要分布在矿区东北部、北部,少量分布在矿区西部。少富多贫是大佛岩-川洞湾铝土矿区的特征。

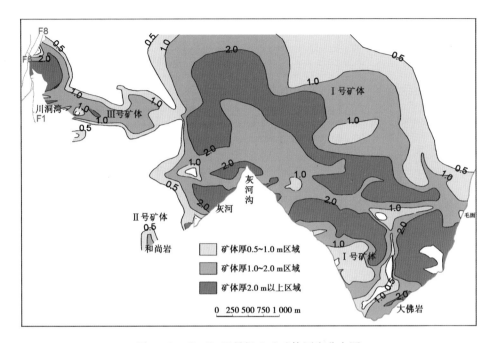

图 4.20　Ⅰ、Ⅱ、Ⅲ号铝土矿矿体厚度分布图

多数富矿体赋存于赋矿地层中上部和中部,偶见于赋矿地层下部,贫矿主要赋存在赋矿地层上部和下部(图 4.21)。富矿体矿石类型以土状、豆状铝土矿和砾屑状铝土矿为主,其次为致密块状铝土矿,贫矿以铝土岩和黏土岩类型为主。

4.4.2　镓元素赋存特征

镓(Ga)是一种珍稀的金属元素,具有极强的亲石和亲氧性能,通常以类质同象的形式高度分散于造岩元素或造矿元素所组成的矿物中,这些性能使得镓在各种地质作用中发挥着广泛作用。值得一提的是,镓在高科技领域中有着广泛的应用,被誉为“电子产业的骨干”。尽管磷块岩和煤炭中镓的储量极为巨大,然而目前的技术限制难以实现充分利用。据统计,目前工业上使用的镓资源 90% 以上是选冶铝矿工业中的副产品,其余部分主要从铅锌矿冶炼残余物中提取或从煤灰中回收。如今,镓的生产量和消耗量每年都在大幅增加。

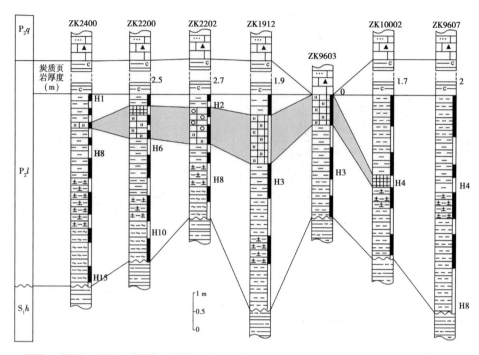

图4.21 大佛岩-川洞湾铝土矿区吴家湾矿段富矿体赋存形态示意图

1—含高岭石黏土岩;2—炭质页岩;3—致密状铝土岩;4—土状铝土矿;

5—石生物碎屑灰岩;6—含绿泥石黏土岩;7—黏土岩;8—致密状铝土矿;

9—含豆鲕砾铝土矿;10—粉砂质页岩;11—富矿体;12—采样位置

早期学者通过对铝土矿中伴生镓的地球化学分析发现,镓的含量与铝土矿富矿体的出现密切相关,这种关系在铝土矿中的铝酸盐、铝硅酸盐等富铝矿物中尤为显著,且镓含量与铝氧化物的含量以及 A/S 呈正相关关系。针对铝土矿中镓的赋存状态进行的分析研究表明,在金红石、锆石等多种矿物中发现镓的富集。值得注意的是,还有报道指出相对于铝土矿和铝土岩,黏土岩更容易富集镓。渝东南铝土矿成矿潜力巨大,至 2022 年底,已发现铝土矿床(点)51 个,铝土矿储量大。大佛岩-川洞湾铝土矿中伴生镓质量分数平均为 $48.38×10^{-6}$,超过行业标准《矿产地质勘查规范 稀有金属类》(DZ/T 0203—2020)制定的边界品位($30×10^{-6}$),更大大超过综合利用指标($20×10^{-6}$)。其中镓质量分数最高

可达 146×10⁻⁶,显著超过镓矿床的工业品位 50×10⁻⁶。经计算,大佛岩-川洞湾
矿区共计镓资源量 10 955.42 t,具有巨大的经济价值。

1)镓在不同岩石的分布特征

基于镓质量分数与不同类型岩石的关系分析,可以看出,镓的质量分数在
高岭石黏土岩、绿泥石黏土岩、致密状黏土岩以及鲕状黏土岩中表现出相似的
变化特征,且均位于(14～77)×10⁻⁶ 之间,其中高岭石黏土岩的平均质量分数为
31.72×10⁻⁶,绿泥石黏土岩平均质量分数为 36.81×10⁻⁶,致密状黏土岩平均质
量分数为 37.49×10⁻⁶,而鲕状黏土岩中除存在一个极高值外,大部分矿石镓的
质量分数小于 50×10⁻⁶。如果排除极高值的数据,鲕状黏土岩中镓的平均质量
分数为 41.19×10⁻⁶。在铝土岩、致密状铝土矿中质量分数中等,铝土岩中镓质
量分数为(27.5～103.0)×10⁻⁶,平均质量分数为 46.58×10⁻⁶,致密状铝土矿中
镓质量分数为(24.6～99.0)×10⁻⁶,平均质量分数为 37.49×10⁻⁶。镓在豆鲕状
铝土矿、碎屑状铝土矿、土豆状铝土矿、土状铝土矿中质量分数偏高,豆鲕状铝
土矿中镓质量分数为(40.1～108.0)×10⁻⁶,平均质量分数为 68.38×10⁻⁶;碎屑
状铝土矿中镓质量分数为(33.3～106.0)×10⁻⁶,平均质量分数为 73.81×10⁻⁶;
土豆状铝土矿中镓质量分数为(28.3～116.0)×10⁻⁶,平均质量分数为 76.98×
10⁻⁶;土状铝土矿中镓质量分数最高,为(53.7～129.0)×10⁻⁶,平均质量分数为
89.33×10⁻⁶,如图 4.22 所示。

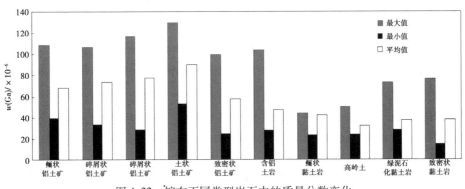

图 4.22　镓在不同类型岩石中的质量分数变化

在大佛岩-川洞湾铝土矿中,如贵州省正安、道真、修文以及遵义等地区的铝土矿床报道的那样,不同类型的岩石中镓的分布特征呈现出类似的情形。原始沉积型铝土矿的形成过程中,由于镓和铝在地球化学特性上的相似性,镓普遍以类质同象的形式存在于水铝石中,导致铝土矿含量较高的岩系中镓含量高于铝土岩和黏土岩,并形成了相应的分布特征。在铝土矿沉积之后,表生风化过程中的风化淋滤效应加速了硅、硫、铁等元素的流失,同时促使铝及镓元素更加富集。

土状铝土矿是指风化淋滤过程最为彻底的矿石,且其含铝量及镓量亦为最高。刘平等人指出,铝土矿形成的全过程涉及矿床的沉积、成岩、变质,以及次生氧化等多重作用阶段,镓元素随着 Al_2O_3 含量的增加而逐渐富集。就镓含量的角度而言,研究区土状铝土矿比土豆状铝土矿、豆鲕状铝土矿、碎屑状铝土矿、致密状铝土矿、铝土岩及黏土岩含镓量都要高,此规律在不同时期的不同控矿作用下所形成的铝土矿中均有明显体现。

2)平面上镓含量变化特征

根据以往地质勘查及化验成果,用厚度加权平均法计算单个钻孔的平均品位,再用距离幂函数反比加权网格化算法做含梁山组含矿岩系镓等值线图(图4.23)。研究区镓含量高值区呈北东向和近南北向分布,中西部镓含量高,北东部镓含量较低。镓质量分数在钻孔 ZK2141—ZK6821 和 ZK4816 区域出现高值区,最高大于 100×10^{-6}。镓质量分数在钻孔 ZK2838—ZK3630 和 ZK2616—ZK3104 区域比较低。

中二叠纪梁山期渝东南总体为北高南低的潟湖环境,南部靠近物源,从地层接触关系表明,海水在上升过程中从东部和西南部侵入。研究区岩相古地理研究结果同样表明南部靠近物源区,含矿岩系中镓含量南高北低可能是受物源距离及进入沉积环境的水体深度、pH 值、盐度等因素影响。

3)垂向上铝和镓的分布特征

根据品位高低,铝土矿可以被划分为两种类型:富矿[$w(Al)/w(Si)>7$]和

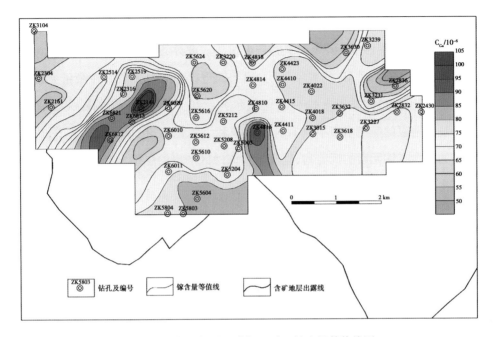

图 4.23 大佛岩-川洞湾铝土矿区镓含量等值线图

贫矿[7>w(Al)/w(Si)>1.8],其区别在于铝和硅的含量比例。富矿分布在中部和中上部,也有少量分布在中下部和上部,但不会分布在下部。贫矿主要分布在中上部和上部,也有少量分布在中部和中下部,极少数分布在下部。这些矿石种类包括土状铝土矿、土豆状铝土矿、豆鲕状铝土矿和碎屑状铝土矿。以 $60×10^{-6}$ 为线,镓含量分为高品位矿石和低品位矿石二类。根据钻孔柱状图,高品位矿石主要赋存于位置除含矿地层下部和上部外,其余部位均有分布。在赋矿地层中镓高品位矿石和铝矿富集区位置基本一致,由赋矿地层中上部开始到底部,镓的含量缓慢升高,在铝土矿层中显示高镓的特征,赋矿地层中镓含量普遍高于顶板和底板中镓含量,镓的富集程度与 Al 的富集程度密切相关,二者呈正相关性(图 4.24)。

铝和镓在含矿岩系中的分布规律,在多个铝土矿床中均有相似表现。据汤艳杰等人的研究,镓和铝的分布层位密切相关,这种关系是两者共同经历迁移和堆积过程所致。特别指出,镓比铝更活跃并发生了一定程度的分离,这一现象早在刘英俊的研究中得到确认。在 pH 值为 3.0 ~ 4.2 的条件下,氢氧化镓会沉淀,而氢氧化铝在 pH 值为 4.1 时产生沉淀。此外,水体中 $w(Ga)/w(Al)$ 高于岩石中 $w(Ga)/w(Al)$ 的现象表明,铝和镓也存在分离现象。在微量元素的研究中,研究区整体属于淡水环境,但偶尔会受到少量海水的影响形成陆-海交互环境。地表的酸性水流中含有氢氧化镓和氢氧化铝,在海水的影响下,优先沉淀的是含有镓元素的沉淀物,进而导致该地区产出的层位含有高镓比富铝的沉积物,而且整体沉积层位向下偏移。

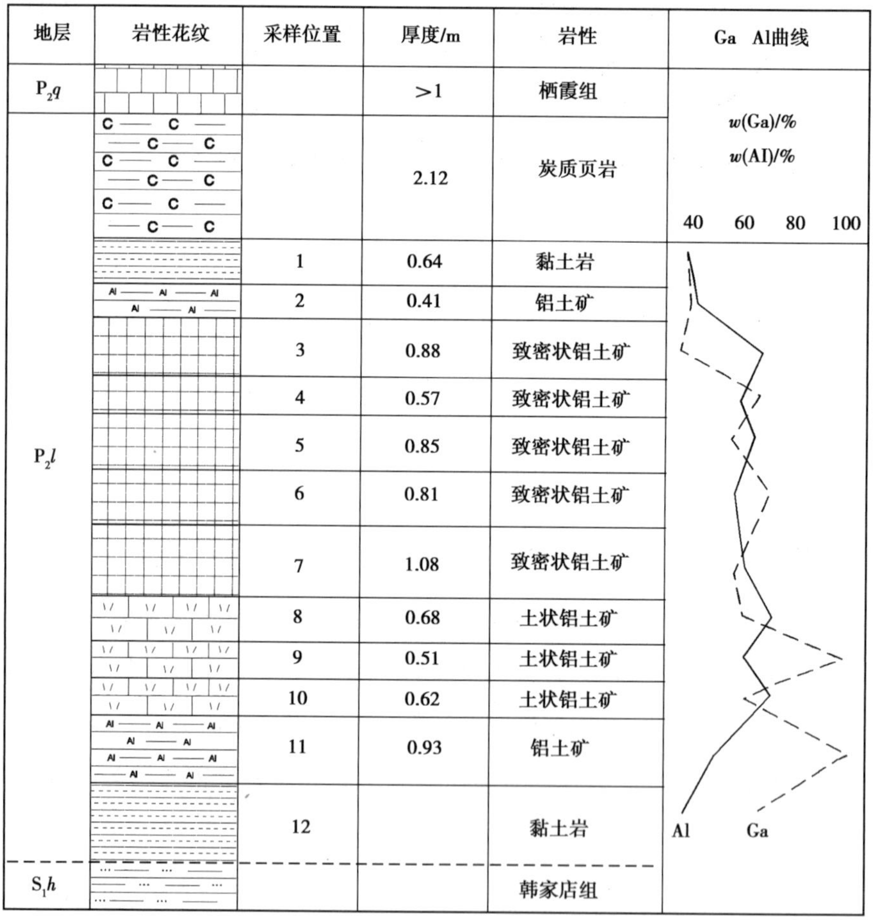

地层	岩性花纹	采样位置	厚度/m	岩性	Ga Al曲线
P_2q			>1	栖霞组	
			2.12	炭质页岩	$w(Ga)/\%$ $w(Al)/\%$ 40 60 80 100
		1	0.64	黏土岩	
		2	0.41	铝土矿	
		3	0.88	致密状铝土矿	
		4	0.57	致密状铝土矿	
P_2l		5	0.85	致密状铝土矿	
		6	0.81	致密状铝土矿	
		7	1.08	致密状铝土矿	
		8	0.68	土状铝土矿	
		9	0.51	土状铝土矿	
		10	0.62	土状铝土矿	
		11	0.93	铝土矿	
		12		黏土岩	Al Ga
S_1h				韩家店组	

图 4.24　大佛岩-川洞湾铝土矿区 ZK5204 柱状图

4）含矿岩系镓含量变化特征

在大佛岩-川洞湾铝土矿区,镓含量变化系数为35.29,含矿岩系厚度变化系数为21.39,这两个参数均呈现均匀变化的特征。这种稳定的变化情况表明此区域存在较为稳定的沉积环境。值得注意的是,在铝土矿沉积之前,上扬子地台就已经处于平稳状态,且经历了晚志留世至早二叠世长期的风化夷平作用,这使得该区地形更加平坦。因此,镓含量变化系数和含矿岩系厚度变化系数受当时地形条件的影响,呈现出均匀的变化趋势。

5）镓与其他元素相关性分析

根据 SPSS 软件计算和相关性分析发现,镓的质量分数和 Al_2O_3 的质量分数低正相关;镓的质量分数与铝硅比明显正低相关;镓的质量分数与铝土岩和铝土矿中 Fe_2O_3 的质量分数正低相关;镓的质量分数与 TiO_2 的质量分数明显正相关;镓的质量分数与 SiO_2 的质量分数负相关(图 4.25)。Al_2O_3 含量在一定程度上限制了镓在赋矿地层中的含量,多以类质同象形式赋存于 Al_2O_3 等氧化物中,其次以离子吸附型形式存在,完全风化土状铝土矿中镓流失殆尽,说明镓的主要载体矿物应该不是一水铝石。

镓的质量分数与 V、Zr 的质量分数正低相关;镓的质量分数与 Sr 的质量分数正微相关;镓的质量分数与 Cr、Ni、Co、Rb、Ba 等负相关。微量元素相关性分析发现镓赋存于富 V、Zr、Sr 的矿石内,多数镓出现于金红石或锆石等副矿物中。

镓的质量分数与稀土总量、轻稀土质量分数低正相关;镓的质量分数与重稀土质量分数弱正相关;镓的质量分数与 LREE/HREE 低正相关。总体而言,镓的质量分数与各类稀土质量分数之间关系不密切,没有规律可循。

研究表明,镓和铝在各种地质过程中的化学特征非常相似,它们经常同时出现。这意味着它们之间可能存在类似的置换方式。事实上,在现代海水中,这两种元素的地球化学行为也非常相似。在大佛岩-川洞湾铝土矿中,铝和镓的分布规律关系密切,富铝和高镓层与含矿岩系的纵向位置密切相关。在不同类型的岩石中,镓含量不同,其中铝土矿、铝土岩、黏土岩(铝土矿>铝土岩>黏土岩)含有更高的镓含量,同时镓含量与 Al_2O_3 含量、$w(Al)/w(Si)$ 也呈现高相关系数。这表明铝土矿中的镓很可能是通过类质同象的方式存在的。

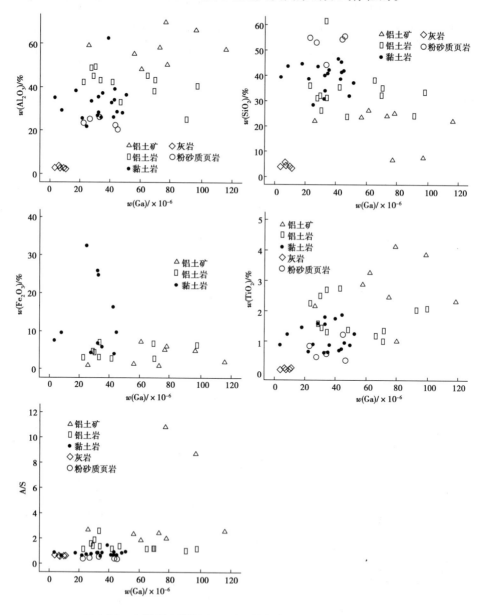

图 4.25　大佛岩-川洞湾铝土矿区镓与主要氧化物相关性图解

4.4.3　锂元素赋存特征

1)赋矿地层与锂(Li)元素含量的关系

研究区赋矿地层中锂元素富集程度高,平均含量远大于地丰度值 $20×10^{-6}$ (刘英俊等,1986)、世界黏土岩平均值 $57×10^{-6}$(Turekianetal,1961)和全国沉积岩锂元素平均值 $31.45×10^{-6}$。研究区不同的矿石类型和岩性其化学元素含量亦不同(表4.22),如锂在铝土矿中含量 $2.52×10^{-6}$ ~ $1\,603×10^{-6}$,平均含量 $534.66×10^{-6}$;在铝土岩中含量 $117×10^{-6}$ ~ $1\,655×10^{-6}$,平均含量 $1\,010.86×10^{-6}$;在黏土岩中含量 $63.6×10^{-6}$ ~ $323×10^{-6}$,平均含量 $224.86×10^{-6}$。具体而言,锂元素含量从高到低依次为:碎屑状铝土矿($1655×10^{-6}$)、鲕状铝土岩($1\,605×10^{-6}$)、致密状铝土矿($1\,603×10^{-6}$)、致密状铝土岩($1\,325×10^{-6}$)、含鲕粒铝土矿($758×10^{-6}$)、土状铝土矿($16.78×10^{-6}$)。

从矿物组合上看,含矿岩系矿物种类单一时锂含量偏低,而种类复杂时则比较富锂;铝矿物含量过高时锂含量极低,无铝矿物时锂含量变化较大;无伊利石或无高岭石或无绿泥石含矿岩系均可富锂,黄铁矿、水铁矾中不含锂,沼铁矿存在时锂含量明显增加(图4.26)。

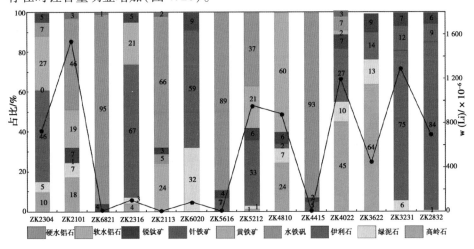

图 4.26　大佛岩-川洞湾铝土矿区矿物组成与锂元素含量关系图

研究表明,锂元素含量在赋矿地层梁山组中上部岩石中最高,总体而言,在铝土岩中含量最高,其次在中致密状铝土矿中含量也较高,在土状铝土矿中含量相对较低。锂多呈类质同象或以离子、层间吸附形式富集在高岭石、伊利石等脉石中;含铁矿物(黄铁矿、沼铁矿、褐铁矿等)的存在对锂元素含量的高低有一定影响。土状铝土矿中锂含量相对偏少,是因为其形成过程中的表生风化、氧化作用,使铝元素富集,硅、铁等元素淋滤流失,特别是土状铝土矿中锂流失更甚,土状铝土矿显示为高铝贫锂的特点。

2)垂向上锂的分布特征

根据钻孔 ZK5612 柱状图主量及伴生元素关系图(图 4.27)可知,在赋矿地层垂向上,锂元素质量分数自上到下有缓慢减少的变化规律,而从赋矿地层岩性来看,锂元素质量分数铝土岩>铝土矿>黏土岩,提示锂元素的富集与铝土岩的关系较为密切。

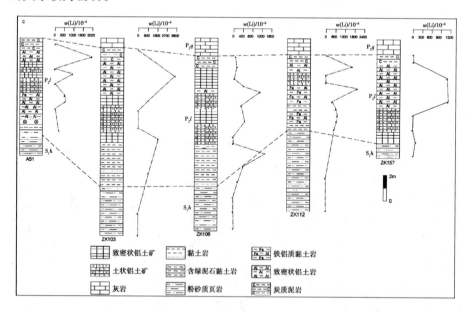

图 4.27　大佛岩-川洞湾铝土矿区钻孔柱状图中锂含量变化示意图

3)锂与主微量元素相关性

根据 A/S、SiO_2、Al_2O_3 和锂元素的关系图(图 4.28)可知,锂元素在赋矿地层中的富集主要受硅铝及其比值影响,即 Li 和 SiO_2、Al_2O_3 之间均呈先正相关后负相关特征,同时 A/S 最佳值为 1.1～1.8,过高或过低均不利于锂的富集,TiO_2 含量对赋矿地层中锂元素含量影响不大。褐铁矿化黏土岩中锂元素含量大于含黄铁矿铝土矿,说明 Fe^{3+} 对锂赋存状态的影响比 Fe^{2+} 更大。锂与微量元素含量的关系表明(表 4.15),锂与 Zr、Mn、V、Sr 等部分微量组分关联性较微弱,与 REE、Ga、Sc 等组分无显著相关性,表明锂元素的含量特征和富集由 SiO_2、Al_2O_3、A/S 决定。

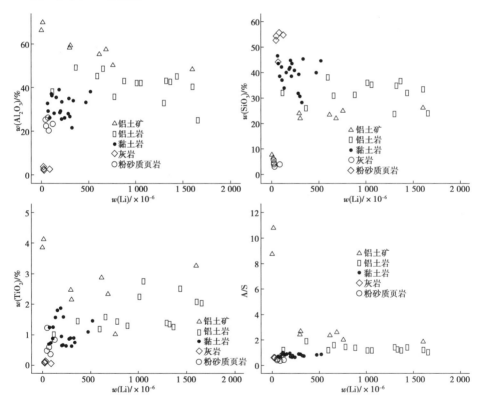

图 4.28　大佛岩-川洞湾铝土矿区赋矿地层 Li 元素相关性图解

表 4.15　大佛岩-川洞湾铝土矿区赋矿地层 Li 与微量元素相关性

元素	Li	Be	Cr	Mn	Co	Ni	Cu	Zn	Ga	Rb	Sr	Mo	Cd	In	Cs	Ba
Li	1	0.12	-0.12	-0.41	-0.07	-0.13	-0.13	0.08	-0.01	0.04	-0.29	0.18	0.02	0.02	-0.09	0.17

续表

元素	Tl	Pb	Bi	Th	U	Nb	Ta	Zr	Hf	Sn	Sb	Ti	W	As	V	Sc
Li	0.07	0.06	-0.22	0.08	0.27	0.00	-0.04	0.32	0.30	0.20	0.10	0.08	0.09	-0.04	0.55	0.22

元素	La	Ce	Pr	Nd	Sm	Eu	Gd	Tb	Dy	Ho	Er	Tm	Yb	Lu	Y	
Li	-0.20	0.04	-0.18	-0.17	-0.11	-0.12	-0.06	0.01	0.01	0.04	0.00	-0.02	-0.03	-0.03	0.08	

4.4.4 钪元素赋存特征

钪是一种稀有元素,具有较为活泼的化学特性,能够与多种元素发生反应,除此之外,它还具有比重较轻和熔点较高的属性。钪及其化合物在冶金、电子工业、化学工业、海洋学、医学等领域有着广泛的应用,且表现出卓越的性能。虽然独立存在的钪矿物不易被发现,但是它广泛地存在于其他矿物中,包括铝土矿、钛铁矿、锆铁矿、锆石、钒钛磁铁矿和黑钨矿等。研究发现,在铝土矿石、矿渣、黏土矿物、铝土矿物、金红石和钛铁矿等矿物中,钪元素经常被包含在它们的晶格中。此外,钪可能以类质同象、离子吸附和超微结构混入物的形式出现在铝矿物、铁矿物和碎屑锆石中。由于钪的分离和提取非常困难,且工艺复杂,因此其价格昂贵。

1)Sc 的含量特征

根据陈莉等 2013 年在大佛岩-川洞湾铝土矿区的采样分析结果(表 4.16),钪含量为$(14.4 \sim 50.5) \times 10^{-6}$,其中$(10 \sim 20) \times 10^{-6}$占 4%($n=3$),$(20 \sim 30) \times 10^{-6}$占 57%($n=47$),$(30 \sim 40) \times 10^{-6}$占 28%($n=23$),$(40 \sim 50) \times 10^{-6}$占 11%($n=9$),主要集中在$(20 \sim 40) \times 10^{-6}$($n=70$),平均 30.42×10^{-6}($n=82$)。钪在铝土矿含矿岩系底部的普通黏土岩和高岭石黏土岩中含量较高,平均值分别为33.67×10^{-6}($n=27$)和 32.34×10^{-6}($n=5$);铝土矿矿石和铝土质黏土岩中钪含量较低,平均值分别为 29.13×10^{-6}($n=8$)和 27.40×10^{-6}($n=24$)(图 4.29)。根据表 4.16 数据,用变化系数计算公式计算钪含量变化系数,黏土岩中钪含量变化系数为 7.08($n=73$),铝土矿矿石中为 11.35($n=9$),均属极均匀变化。

表 4.16 大佛岩-川洞湾铝土矿区主要化学成分和钪测试分析结果表

工程编号	样品编号	真厚度/m	矿石类型	Al_2O_3/%	SiO_2/%	TFe_2O_3/%	TiO_2/%	A/S	Sc/($\times10^{-6}$)	测试单位
ZK2400	H1	0.11	砾屑状铝土矿	43.2	20.97	14.24	1.78	2.06	14.4	①
	H4	0.16	铝土质黏土岩	47.25	33.62	0.9	2.59	1.41	23	①
	H6	0.26	铝土质黏土岩	50.5	29.64	1.36	2.74	1.7	20.7	①
	H7	0.17	铝土质黏土岩	49.18	31	1.16	2.66	1.59	20.1	①
	H8	0.56	铝土质黏土岩	46.32	34.4	0.86	2.5	1.35	21.4	①
	H11	0.53	高岭石黏土岩	28.83	35.88	14.68	1.25	0.8	23	①
	H13	0.51	绿泥石黏土岩	28.92	44.24	7.76	1.12	0.65	29	①
	H14	0.57	绿泥石黏土岩	26.21	41.47	13.56	1	0.63	24.7	①
	H15	0.45	绿泥石黏土岩	25.32	41.18	14.6	1.02	0.61	23.1	①
	H1	0.32	铝土质黏土矿	41.73	33.56	4.26	1.95	1.24	26	②
	H2	0.26	致密状铝土矿	51.77	22.29	5.44	2.56	2.32	25.6	②
	H3	0.26	土状铝土矿	72.94	3.8	1.49	3.75	19.19	27.5	②
	H4	0.22	土状铝土矿	69.63	7.37	1.05	3.16	9.45	28.1	②
	H5	0.51	土状铝土岩	76.87	2.69	1.14	3.04	28.58	26.4	②
ZK2200	H6	0.18	铝土质黏土岩	47.27	32.1	1.14	2.57	1.47	23.7	①
	H7	0.62	铝土质黏土岩	40.83	39.61	1.31	1.6	1.03	20.9	①
	H8	0.5	黏土岩	37.87	41.66	1.84	1.72	0.91	22.1	①
	H9	0.71	高岭石黏土岩	32	40.17	8.09	1.84	0.8	33.7	①
	H10	0.51	绿泥石黏土岩	27.14	43.03	9.25	0.76	0.63	26.7	①
	H11	0.62	绿泥石黏土岩	24.8	45.42	10.33	1	0.55	24.3	①

续表

工程编号	样品编号	真厚度/m	矿石类型	Al$_2$O$_3$/%	SiO$_2$/%	TFe$_2$O$_3$/%	TiO$_2$/%	A/S	Sc/($\times 10^{-6}$)	测试单位
ZK2202	H6	0.25	致密状铝土矿	48.26	25.58	6.7	2.48	1.89	27	①
	H7	0.26	铝土质黏土岩	41.66	33.9	4.66	2.15	1.23	38.7	①
	H10	0.51	绿泥石黏土岩	31.83	41.59	7.63	1.18	0.77	31.9	①
ZK1802	H2	0.56	铝土质黏土岩	49.53	28.8	2.11	3.49	1.72	25.7	①
	H5	0.51	铝土质黏土岩	47.17	32.42	2.47	1.74	1.45	27.9	①
	H6	0.47	绿泥石黏土岩	31.46	36.48	14.66	1.3	0.86	46.2	①
	H8	0.77	绿泥石黏土岩	27.49	41.44	12.54	1.08	0.66	28.8	①
ZK2004	H6	0.59	黏土岩	31.62	34.72	12.11	1.47	0.91	34.2	①
	H7	0.52	黏土岩	34.69	39.3	5.92	1.68	0.88	46.8	①
	H8	0.66	绿泥石黏土岩	31.1	39.1	10.52	1.1	0.8	34.8	①
	H9	0.65	绿泥石黏土岩	27.29	42.26	8.01	1.09	0.65	27.2	①
ZK1404	H1	0.94	黏土岩	32.93	36.97	9.04	1.6	0.89	28.1	②
	H3	0.73	铝土质黏土岩	49.54	30.76	1.72	2.28	1.61	21.7	②
	H4	0.63	黏土岩	35.31	37.8	9.53	1.8	0.93	28.5	②
	H5	0.81	绿泥石黏土岩	29.01	33.47	19.64	1.42	0.87	37.6	②
	H6	0.75	绿泥石黏土岩	26.77	33.82	23.3	1.06	0.79	26.8	②
ZK1606	H4	0.42	铝土质黏土岩	39.65	38.06	4.3	1.86	1.04	23.1	①
	H5	0.37	黏土岩	37.78	40.84	1.68	1.69	0.93	29.2	①
	H6	0.41	黏土岩	35.13	41.86	4.12	1.51	0.84	33.4	①
	H7	0.79	绿泥石黏土岩	32.4	43.32	6.66	1.31	0.75	31.7	①

钻孔	样号		岩性								
ZK1912	H1	0.45	铝土质黏土岩	38.1	36.9	4.71	1.88	1.03	24.8	②
	H2	1.37	土状铝土矿	72	5.66	1.78	3.45	12.72	17.4	②
	H3	1	铝土质黏土岩	47.62	31.16	1.82	3.05	1.53	21.8	②
	H4	0.79	高岭石黏土岩	34.78	38.28	6.82	1.46	0.91	25.5	②
	H5	1.26	黏土岩	30.64	38.55	11.71	1.3	0.79	37.6	②
ZK1202	H1	0.57	黏土岩	38	42.44	1.98	1.34	0.89	30.2	①
	H2	0.33	黏土岩	36.22	40.96	3.39	1.63	0.88	30.2	①
	H8	0.45	铝土质黏土岩	45.58	35.66	0.63	2.01	1.28	26.9	①
	H9	0.65	黏土岩	39.34	42.38	1.2	1.62	0.92	30.3	①
	H10	0.73	绿泥石黏土岩	32.45	47.64	3.16	1.37	0.68	37.2	①
ZK1802	H2	0.39	铝土质黏土岩	47.68	29.54	3.27	2.04	1.61	21.7	①
	H6	0.39	黏土岩	30.23	36.9	14.84	1.21	0.82	35.2	①
	H7	0.48	绿泥石黏土岩	26.74	38.31	15.56	1.08	0.7	25.5	①
	H8	0.72	绿泥石黏土岩	26.27	43.58	10.96	1.2	0.6	30	①
ZK808	H1	0.72	黏土岩	33.42	38.54	7.22	1.83	0.87	28.3	①
	H6	0.68	黏土岩	34.7	37.1	11.95	1.76	0.94	49.1	①
	H7	0.88	绿泥石黏土岩	29.34	35.84	19.12	1.45	0.82	35.2	①
	H8	0.83	绿泥石黏土岩	29.17	40	14.22	1.43	0.73	26.2	①
ZK1002	H3	0.59	铝土质黏土岩	38.71	35.36	3.73	2.01	1.09	38.2	①
	H4	0.38	豆状铝土矿	54.34	25.16	3.44	2.1	2.16	50.5	①
	H6	0.78	黏土岩	35.94	42.39	1.3	1.56	0.85	33.8	②
	H7	0.52	黏土岩	34.11	43.06	1.57	1.58	0.79	38.5	②

续表

工程编号	样品编号	真厚度/m	矿石类型	Al$_2$O$_3$/%	SiO$_2$/%	TFe$_2$O$_3$/%	TiO$_2$/%	A/S	Sc/($\times 10^{-6}$)	测试单位
ZK9603	H1	0.87	土状铝土矿	63.81	10.86	4.77	3.01	5.88	43.1	①
	H2	0.63	铝土质黏土岩	41.14	25.32	16.59	1.89	1.62	47.7	①
	H3	0.85	铝土质黏土岩	33.74	31.04	18.84	1.56	1.08	44.1	①
	H4	0.52	黏土岩	33.05	39.58	8.79	1.45	0.84	39.3	①
	H5	0.57	黏土岩	32.58	42.71	6.32	1.46	0.76	29.9	①
ZK9607	H1	1.15	黏土岩	29.65	35.57	10.85	1.32	0.83	29.4	①
	H2	0.8	豆状铝土矿	48.44	25.75	4.75	1.8	1.88	31.8	①
	H3	0.34	豆状铝土矿	48.9	26.76	2.34	2.65	1.83	29.8	①
	H4	0.43	铝土质黏土岩	41.5	37.87	1.88	2.09	1.1	24.8	①
	H5	0.73	高领石黏土岩	36.9	44.04	1.98	1.53	0.84	35.1	①
	H6	0.46	黏土岩	35.7	42.38	2.68	1.61	0.84	36.5	①
	H7	0.95	黏土岩	28.67	33.84	18.03	1.19	0.85	38.7	①
	H8	1.26	黏土岩	28.86	41.03	10.15	1.02	0.7	29.5	①
ZK2204	H1	0.41	黏土岩	35.98	39.5	3.65	2.58	0.91	34.8	①
	H9	0.73	黏土岩	34.1	30.02	0.69	1.75	0.94	33.5	①
	H10	0.68	黏土岩	33	39.4	1.49	1.5	0.91	43.9	①
ZK9005	H1	0.2	黏土岩	39.93	31.74	9.52	1.92	1.26	26.4	①
	H2	0.92	铝土质黏土岩	50.76	28.59	2.24	2.86	0.78	26.2	①
	H4	0.53	高岭石黏土岩	36.98	38.68	7.11	1.46	0.96	44.4	①
	H5	0.87	黏土岩	31.02	36.9	13.49	1.24	0.84	31.6	①

注：①表示中国地质科学院矿产综合利用研究所分析测试中心；②表示国土资源部西南矿产资源监督检测中心。

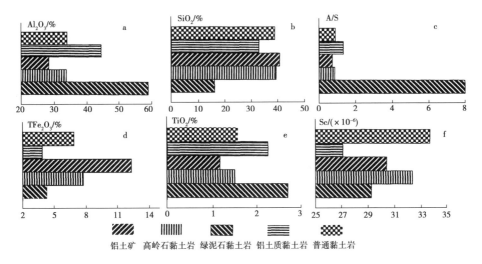

图 4.29 大佛岩-川洞湾铝土矿区主要化学成分及钪含量分布图

2)钪的分布规律

根据表 4.21,分别制作钪含量与 Al_2O_3、SiO_2、A/S、TFe_2O_3、TiO_2 的值关系图,如图 4.30 所示;此外,还需要计算相关系数。在相关系数 γ 的判定标准中,若 γ 为正值,则表明正相关关系;若 γ 为负值,则表明负相关关系;当 $|\gamma| < 0.3$ 时,说明无相关关系;$0.3 \leqslant |\gamma| < 0.5$ 则为弱相关关系;$0.5 \leqslant |\gamma| < 0.8$ 则为中等相关关系;而 $|\gamma| \geqslant 0.8$ 则代表强相关关系。

(1)铝土矿矿石

图 4.30 展示了铝土矿矿石中钪含量与其他元素之间的相关关系。由图可以看出,Sc 与 Al_2O_3 之间并不存在相关性[图 4.30(a)],相关系数为 −0.02($n = 11$)。然而,观察到 Sc 和 SiO_2 之间存在着一种弱的但有意义的正相关关系[图 3.30(b)],相关系数为 0.35,并考虑到 Sc 和 A/S 之间也存在一种负相关关系[图 4.30(c)],相关系数为 −0.36,而与此同时,Sc 和 TFe_2O_3、TiO_2 却没有任何相关性[图 4.30(d)和图 4.30(e)],其相关系数分别为 0.24($n = 10$)和 −0.13($n = 11$)。

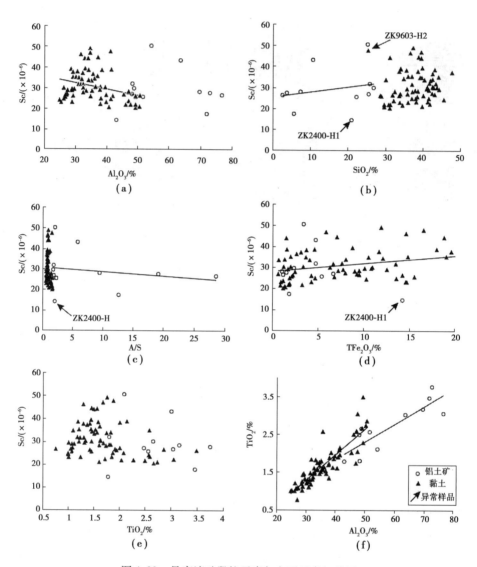

图4.30 吴家湾矿段钪元素与主要元素相关图

针对所述的铝土矿矿石中的 TiO_2,其主要来自锐钛矿和金红石等矿物,在母岩风化过程中往往难以被溶解而被保留。此外,在黏土和铝土碎屑的沉积过程中,TiO_2 逐渐被富集,并同时以一水铝石、三水铝石或者类似结构的机械混入形式进入铝矿物中。根据图 4.30(f)呈现的数据,可以观察到在铝土矿矿石和黏土岩中,TiO_2 和 Al_2O_3 的含量具有强烈的正相关性,分别为 0.86($n=11$)和

0.88(n=71),这可能意味着它们共同受到某些特定地质过程的影响,从而形成了这种紧密的关系。

综上所述,钪元素的含量主要显示出与 SiO_2 含量呈现弱正相关关系,同时,与铝硅比(A/S)呈现弱负相关关系,也就是说,随着 SiO_2 含量的升高和 A/S 值的下降,钪元素的含量也将升高。同时,低 SiO_2 含量和高 A/S 值意味着铝土矿矿石产生过剩的铝质资源。这种对立的变化趋势进一步强调了铝土矿矿石富含钪元素的含量并不是越高越好,相反,钪元素在贫矿中略微富集,尤其对提升中低品位铝土矿矿石的综合利用价值产生了积极意义。

(2)黏土岩

黏土岩中,钪元素含量与 Al_2O_3 呈弱的负相关关系[图 4.30(a)],γ=−0.30(n=71);钪元素含量与 SiO_2 无相关关系[图 4.30(b)],γ=0.09(n=70);钪元素含量与 A/S 无相关关系[图 4.31(c)],γ=−0.23(n=71);钪元素含量与 TFe_2O_3 呈弱正相关关系[图 4.31(d)],γ=0.30(n=71);钪元素含量与 TiO_2 之间无相关关系[图 4.31(e)],γ=−0.26(n=71)。

分析结果表明,黏土岩中钪元素含量与 Al_2O_3 呈现负相关关系,但与 TFe_2O_3 呈现正相关关系。值得注意的是,铝土质黏土岩中 Al_2O_3 含量达到最高值,而 TFe_2O_3 含量最低、钪元素含量也相对较低;绿泥石黏土岩则呈相反的趋势。虽然根据理论推论,绿泥石黏土岩中钪元素含量应处于最高水平,但实际统计数据却表现出普通高岭石黏土岩中钪元素含量均超过绿泥石黏土岩的情况。此外,尽管铝土矿矿石中含有更高的 Al_2O_3 和更高的 A/S 值,同时也较低的 SiO_2 含量,但统计结果却呈现出与预期相反的结果。对于大佛岩-川洞湾铝土矿区以及整个重庆市铝土矿伴生钪的研究工作存在着极大的局限性和不足,急需进行更加深入的研究。

致密状铝土矿、黏土岩及粉砂质页岩中钪含量变化系数较小,豆鲕状铝土岩、灰岩中岩石中钪元素含量变化系数均较大,含量最高为碎屑状铝土岩,最低为灰岩。Sc 的地球化学性质与 Al、Fe 和 Mg 相似,赋存状态可能与含铁矿物相关;Sc 与 Sn、Ti、Zr、Nb、Ta、W、In 的原子价和离子半径也相似,因此,Sc 在铝土矿中富集时,受其他性质相似元素干扰,导致铝与钪含量并无相关性。

3)结论

①在铝土矿岩系构成的物质中,在铝土矿岩系中,钪元素含量平均为 30.42×10^{-6},变化范围为$(14.4 \sim 50.5) \times 10^{-6}$,且分布均匀,主要集中在$(20 \sim 40) \times 10^{-6}$。

②在铝土矿所在的矿石层中,底部的普通黏土岩和高岭石黏土岩中钪元素含量较高,与之相对的是铝土矿矿石以及铝土质黏土岩中的钪含量相对较低。

③就铝土矿矿石而言,Sc 的含量变化与 SiO_2 呈现出一种弱正向关联,同时也与 A/S 呈现出一种微负向关联。这种现象表明,Sc 不能被认为是在铝土矿矿石中越富集越好,相反地,它在较贫的矿石中含量相对较高。该发现对进一步提高中低品位铝土矿矿石的整体价值具有重要的意义。

④黏土岩中的 Sc 含量主要与 Al_2O_3 呈弱的负相关关系,与 TFe_2O_3 呈弱的正相关关系。

⑤钪的地球化学性质与铝、铁和镁相似,赋存状态可能与含铁矿物相关;Sc 与 Sn、Ti、Zr、Nb、Ta、W、In 的原子价和离子半径也相似。因此,钪在铝土矿中富集时,受其他性质相似元素的干扰,铝与钪含量并无相关性。

⑥研究表明,针对含矿岩系而言,绿泥石黏土岩内所蕴含的 Sc 含量最高,而铝土矿石蕴含的 Sc 含量最低。普通黏土岩和高岭石黏土岩的 Sc 含量皆低于绿泥石黏土岩。至于铝土质黏土岩,则是在铝土矿石之下。为了更好地理解此现象,有必要对 Sc 的贮存状况、迁移方式等多个因素进行深入研究。值得注意的是,由于重庆铝土矿资源丰富,其伴生元素在铝土矿冶炼后的残渣赤泥中更为富集。相较于铝土矿石,赤泥中含有显著增加的钪元素和稀土元素。尽管我国尚未建立对铝土矿中 Sc 的工业品位使用要求,但国际上回收和利用 Sc 的工业品位通常达到$(20 \sim 50) \times 10^{-6}$。综上所述,研究区铝土矿的钪元素含量已充分满足综合利用的标准。在综合利用矿区铝土矿资源中的稀有元素钪的前提下,研制铝钪合金有望激活中低品位铝土矿资源,创造新的经济增长点,这对现

实和理论都具有至关重要的意义。

4.4.5 稀土元素赋存特征

根据稀土元素化验结果(表 4.17),粉砂质页岩的 $w(\sum REE)$ 为 $203.26 \times 10^{-6} \sim 2\,166.63 \times 10^{-6}$,平均为 803.25×10^{-6};各类黏土岩 $w(\sum REE)$ 为 $54.90 \times 10^{-6} \sim 2\,988.20 \times 10^{-6}$,平均为 618.30×10^{-6};各类铝土岩 $w(\sum REE)$ 为 $22.11 \times 10^{-6} \sim 4\,169.06 \times 10^{-6}$,平均为 460.90×10^{-6};灰岩 $w(\sum REE)$ 为 $46.54 \times 10^{-6} \sim 295.34 \times 10^{-6}$,平均为 187.81×10^{-6};矿石中 $w(\sum REE)$ 为 $44.72 \times 10^{-6} \sim 425.53 \times 10^{-6}$,平均为 134.14×10^{-6}。不同类型的岩石中 $w(\sum REE)$ 含量截然不同,但多数超过黎彤等统计的全球岩石圈地球稀土元素丰度值 35.78×10^{-6},均值从大到小为:页岩、黏土岩、铝土岩、灰岩、铝土矿,赋矿地层梁山组的 $\sum REE$ 均值则不到 200×10^{-6}。配分特征上,伴生稀土都具有明显的右倾特征,属于轻稀土富集型,含量上沉积型含铝岩系中伴生稀土的总稀土($\sum REE$)均值最高。在地层形成过程中的 Ce 含量可能会产生变化,一般会使 δ_{Ce} 与 δ_{Eu} 形成显著的一致性、δ_{Ce} 与 $(Dy/Sm)N$ 呈显著负相关特征、δ_{Ce} 与 $\sum REE$ 呈显著正相关特征。

矿石中 LREE/LREE 为 $2.15 \sim 21.02$,平均为 6.49;铝土岩为 $1.19 \sim 134.82$,平均为 16.54;黏土岩为 $1.28 \sim 47.07$,平均为 11.35;粉砂质页岩为 $1.35 \sim 11.97$,平均为 7.29;灰岩为 $4.04 \sim 7.44$,平均为 5.07,平均值由大到小依次为:铝土岩、黏土岩、页岩、铝土矿、灰岩。

铝土矿矿石中 δCe 为 $1.44 \sim 5.81$,平均为 3.46;粉砂质页岩 δCe 为 $1.69 \sim 4.23$,平均为 3.03;铝土岩 δCe 为 $0.46 \sim 5.50$,平均为 2.15;黏土岩 δCe 为 $0.55 \sim 11.37$,平均为 3.24;灰岩 δCe 为 $0.80 \sim 4.39$,平均为 1.89。铝土矿矿石和页岩样品全部为 δCe 正异常;铝土岩、黏土岩、灰岩样品为 δCe 负异常($\delta Ce < 0.95$)、正常($0.95 < \delta Ce < 1.05$)、正异常($\delta Ce > 1.05$)均有分布。

表 4.17　大佛岩-川洞湾铝土矿区部分元素样品分析结果表

样品编号	样品名称	$w_B/(\times10^{-6})$												
		Li	Sc	V	Ga	Nb	La	Ce	Pr	Nd	Sm	Eu
DFY-101	致密状铝土矿	1 603.00	8.64	467.00	60.80	74.10	26.93	81.32	7.94	33.86	8.74	1.83
DFY-102	致密状铝土矿	302.00	9.15	348.00	25.60	51.30	102.00	231.00	17.21	43.31	5.88	1.83
DFY-103	土状铝土矿	2.52	20.52	412.00	96.20	40.20	10.51	37.11	3.40	14.01	2.95	0.79
DFY-104	豆鲕状铝土矿	295.00	9.19	574.00	72.70	33.20	15.24	47.84	4.06	16.86	4.54	0.79
DFY-105	致密状铝土矿	615.00	8.00	574.00	56.10	77.90	7.93	12.85	1.15	3.58	1.13	0.49
DFY-106	致密状铝土矿	685.00	5.70	297.00	115.60	97.80	5.62	15.45	1.46	5.63	1.87	0.56
DFY-107	土状铝土矿	16.78	17.32	557.00	76.60	104.20	18.55	38.65	3.24	11.91	2.98	1.08
DFY-108	含鲕粒铝土矿	758.00	22.10	648.00	77.73	91.20	4.75	18.77	1.63	7.14	2.31	0.79
DFY-109	碎屑状铝土岩	1 365.00	35.12	376.00	32.90	40.40	235.00	362.00	36.31	97.01	17.01	6.48
DFY-110	豆鲕状铝土岩	364.00	19.12	143.00	30.00	49.40	15.15	15.15	3.19	10.16	2.35	0.82
DFY-111	致密状铝土岩	1 325.00	23.52	393.00	69.70	60.90	1.24	4.71	0.64	2.71	1.08	0.43
DFY-112	豆鲕状铝土岩	1 435.00	39.12	361.00	28.90	43.60	4.79	9.14	1.01	3.56	1.59	0.49
DFY-113	含铁致密状铝土岩	117.00	15.02	209.00	69.20	31.20	36.85	121.00	6.35	19.51	3.44	0.81
DFY-114	致密状铝土岩	1 015.00	41.62	561.00	22.50	94.70	2.13	9.06	0.57	1.77	0.54	0.23
DFY-115	豆鲕状铝土岩	1 605.00	82.55	348.00	97.20	62.20	23.93	54.07	6.43	24.46	5.65	1.20

样号	岩性											
DFY-116	豆鲕状铝土岩	1 055.00	31.72	464.00	41.60	126.20	3.63	11.92	0.88	2.74	0.85	0.32
DFY-117	致密状铝土岩	883.00	23.52	153.00	33.40	121.20	415.00	1 899.85	195.33	931.75	229.00	47.16
DFY-118	碎屑状铝土岩	1 655.00	63.22	557.00	90.20	52.20	84.15	189.00	17.91	63.41	12.05	1.76
DFY-119	致密状铝土岩	1 301.00	25.22	327.00	46.80	37.80	31.45	258.00	6.03	22.11	5.22	1.66
DFY-120	豆鲕状铝土岩	595.00	20.62	440.00	64.70	101.20	11.14	20.94	1.66	5.24	1.27	0.37
DFY-121	致密状铝土岩	780.00	29.52	548.00	32.90	72.40	7.56	14.45	1.58	5.86	2.16	0.98
DFY-122	豆鲕状铝土岩	657.00	26.22	397.00	27.50	47.50	5.99	13.20	1.42	4.96	2.06	0.58
DFY-123	黏土岩	473.00	18.72	234.00	38.60	44.00	72.45	177.00	9.82	25.11	3.60	0.67
DFY-124	黏土岩	110.00	38.12	740.00	50.80	38.80	37.13	90.36	7.74	21.67	2.77	0.58
DFY-125	黏土岩	243.00	19.02	201.00	33.90	35.80	192.00	173.00	40.51	181.00	46.55	21.60
DFY-126	黏土岩	211.00	34.72	340.00	21.50	23.90	135.40	162.00	32.51	138.00	29.88	8.83
DFY-127	黏土岩	201.00	17.92	576.00	38.60	53.40	401.00	177.00	87.01	342.00	60.20	9.50
DFY-128	黏土岩	63.60	15.92	210.00	41.00	38.60	301.00	161.00	60.91	186.00	17.41	3.51
DFY-129	黏土岩	521.00	7.27	84.50	17.10	38.50	284.00	115.20	35.61	79.91	5.68	1.03
DFY-130	黏土岩	281.00	26.72	196.00	48.10	34.20	182.00	748.00	59.71	242.00	49.62	9.35
DFY-131	黏土岩	335.00	13.62	725.00	42.80	58.60	16.10	89.05	4.07	14.90	2.82	0.75
DFY-132	黏土岩	187.00	35.62	261.00	43.00	30.20	87.00	1 068.00	34.61	125.00	18.90	3.55
DFY-133	黏土岩	104.70	19.72	296.00	34.80	40.80	12.15	24.68	3.10	11.21	3.25	0.65

续表

样品编号	样品名称	$w_B/(\times10^{-6})$										
		Li	Sc	V	Ga	Nb	La	Ce	Pr	Nd	Sm	Eu
DFY-134	含镓黏土岩	299.00	16.52	467.00	31.50	45.50	148.00	123.11	29.76	89.19	10.10	1.38
DFY-135	铁质黏土岩	133.00	7.39	224.00	32.10	29.90	6.08	22.15	1.54	5.26	1.62	0.48
DFY-136	铁质黏土岩	195.00	22.82	204.00	44.60	38.00	1 189.00	362.50	222.13	740.00	131.00	19.80
DFY-137	铁质黏土岩	155.00	15.02	305.00	32.00	26.70	12.47	17.57	2.00	6.17	1.59	0.56
DFY-138	豆鲕状黏土岩	323.00	39.72	215.00	24.40	25.50	59.45	110.50	11.61	46.01	13.21	4.44
DFY-139	水云母黏土岩	71.00	33.92	213.00	7.80	28.70	91.40	148.60	22.53	92.73	22.41	4.89
DFY-140	炭质黏土岩	86.20	21.12	268.00	42.30	46.20	22.80	68.15	5.80	17.91	2.59	0.62
DFY-141	灰绿色黏土岩	289.00	28.82	341.00	3.20	46.40	43.25	108.30	11.41	41.91	8.01	1.61
DFY-142	铝土质黏土岩	215.00	23.82	187.00	27.50	28.80	11.15	53.85	2.09	5.73	1.25	0.32
DFY-143	粉砂质页岩	119.00	37.02	206.00	22.30	26.50	389.00	447.00	110.12	589.00	138.00	40.10
DFY-144	粉砂质页岩	68.50	19.42	151.00	33.00	23.10	142.00	160.30	24.71	90.10	15.60	3.28
DFY-145	粉砂质页岩	46.80	13.62	112.40	26.60	24.00	47.55	92.45	10.71	39.61	8.70	1.72
DFY-146	粉砂质页岩	79.00	23.12	175.00	45.20	33.10	47.85	83.80	9.71	33.71	4.32	1.22
DFY-147	粉砂质页岩	51.80	27.02	184.00	43.50	16.60	115.14	442.10	39.45	174.55	40.80	7.21
DFY-148	灰色颗粒灰岩	25.60	8.02	17.60	7.00	8.85	33.85	55.12	8.36	36.61	10.70	2.73

单位：$w_B/(\times 10^{-6})$

样品编号	样品名称	Gd	Tb	Dy	Ho	Er	Tm	Yb	Lu	$\sum$REE	LREE/HREE	δCe	δEu
DFY-149	灰岩		29.90	8.72	50.10	9.48	7.01	46.75	109.00	13.61	55.71	12.00	3.29
DFY-150	亮晶灰岩		31.30	13.12	27.60	10.70	5.78	8.04	11.15	1.96	0.34	2.44	1.07
DFY-151	灰岩		86.00	2.94	43.20	3.50	2.50	20.77	32.76	5.48	24.74	6.55	2.41
DFY-152	泥晶灰岩		22.46	6.82	30.70	6.29	3.88	51.95	65.75	14.31	62.91	19.40	4.80
DFY-101	致密状铝土矿	8.06	1.29	6.85	1.49	3.76	0.71	4.61	0.75	193.79	6.76	1.44	0.67
DFY-102	致密状铝土矿	6.87	9.45	5.05	1.00	2.90	0.44	2.60	0.39	425.53	21.02	5.57	0.84
DFY-103	土状铝土矿	5.08	1.00	5.92	1.33	4.53	0.62	3.99	0.61	95.59	4.10	1.65	0.53
DFY-104	豆鲕状铝土矿	4.61	0.78	4.89	1.17	1.94	0.56	3.32	0.53	112.18	5.59	1.60	0.52
DFY-105	致密状铝土矿	1.79	0.41	3.12	0.63	2.07	0.37	2.25	0.34	44.72	3.59	4.55	0.34
DFY-106	致密状铝土矿	2.82	0.70	3.87	1.07	3.20	0.51	3.18	0.52	50.10	2.15	5.81	0.68
DFY-107	土状铝土矿	3.80	0.88	4.86	1.25	3.56	0.61	3.72	0.60	150.29	4.82	5.19	0.87
DFY-108	含鲕粒铝土矿	2.88	0.38	3.45	0.70	3.96	0.39	2.56	0.42	80.89	3.87	1.84	0.89
DFY-109	碎屑状铝土矿	16.10	1.97	9.60	1.48	3.45	0.61	3.55	0.53	800.68	21.40	3.92	0.44
DFY-110	豆鲕状铝土岩	4.10	1.00	6.33	1.82	4.39	1.04	7.00	1.13	79.53	134.82	0.46	0.57
DFY-111	致密状铝土岩	1.63	0.42	3.12	0.57	5.08	0.37	2.41	0.38	25.08	1.19	5.50	0.27

续表

样品编号	样品名称	$w_B/(\times10^{-6})$								$\sum$REE	LREE/HREE	δCe	δEu
		Gd	Tb	Dy	Ho	Er	Tm	Yb	Lu				
DFY-112	豆鲕状铝土岩	2.78	0.61	3.87	0.88	6.00	0.53	3.44	0.56	39.79	2.26	1.17	0.64
DFY-113	含铁致密状铝土岩	3.60	0.78	6.15	1.30	4.20	0.69	4.19	0.70	207.57	9.45	1.95	0.62
DFY-114	致密状铝土岩	0.77	0.18	1.12	0.29	0.81	0.17	0.83	0.16	22.11	4.45	2.24	0.71
DFY-115	豆鲕状铝土岩	6.85	1.08	6.32	1.20	0.74	0.55	3.35	0.56	144.04	6.15	1.21	0.59
DFY-116	豆鲕状铝土岩	1.01	0.14	1.14	0.28	40.07	0.16	0.78	0.15	28.90	5.98	2.05	0.82
DFY-117	致密状铝土岩	212.20	18.50	101.50	16.50	5.67	4.68	30.20	3.91	4 169.06	9.72	1.73	0.70
DFY-118	碎屑状铝土岩	9.70	1.62	7.81	1.58	5.76	0.78	5.04	0.81	406.81	12.04	1.30	0.50
DFY-119	致密状铝土岩	6.71	1.17	6.89	1.69	2.11	1.00	6.53	1.02	367.39	11.79	4.84	0.87
DFY-120	豆鲕状铝土岩	1.47	0.19	1.64	0.41	1.18	0.23	1.26	0.22	50.39	7.30	1.32	0.70
DFY-121	致密状铝土岩	3.71	0.88	6.45	1.74	2.97	0.99	7.11	1.13	64.15	2.16	1.15	1.03
DFY-122	豆鲕状铝土岩	2.70	0.62	4.16	0.94	2.95	0.53	3.52	0.55	47.08	2.79	1.25	0.69
DFY-123	黏土岩	4.70	0.79	5.80	1.44	6.27	0.93	5.92	0.96	324.08	12.63	7.04	0.19
DFY-124	黏土岩	2.90	0.51	3.41	0.67	6.74	0.44	3.03	0.53	176.39	13.62	1.40	0.58
DFY-125	黏土岩	55.80	11.56	65.90	13.55	8.73	4.49	24.80	3.22	864.96	2.71	0.39	0.56
DFY-126	黏土岩	39.50	6.45	38.60	10.20	6.03	2.95	14.60	2.17	649.63	4.39	0.67	0.81

样号	岩性												
DFY-127	黏土岩	52.30	7.63	50.50	10.30	4.89	3.18	20.30	2.30	1 246.90	7.81	2.82	0.76
DFY-128	黏土岩	10.50	1.99	9.30	2.38	3.69	1.09	6.83	1.03	769.52	17.43	1.29	0.76
DFY-129	黏土岩	4.97	1.03	6.70	1.33	3.28	0.71	4.52	0.71	545.74	23.54	1.48	0.70
DFY-130	黏土岩	40.32	6.08	30.20	5.02	2.30	1.94	11.60	1.83	1 401.41	13.30	7.28	0.67
DFY-131	黏土岩	2.96	0.51	2.90	0.74	2.03	0.43	2.70	0.43	144.48	10.76	11.37	0.87
DFY-132	黏土岩	12.88	1.29	2.86	0.52	1.62	0.21	1.32	0.24	1 369.93	47.07	4.78	0.62
DFY-133	黏土岩	3.85	1.01	5.67	1.39	4.32	0.80	5.36	0.82	83.83	1.28	1.13	0.52
DFY-134	含钒黏土岩	6.68	1.22	8.40	1.72	7.58	0.98	5.90	1.09	442.38	13.85	0.55	0.53
DFY-135	铁质黏土岩	2.52	0.60	3.97	0.89	13.75	0.51	3.40	0.54	55.97	3.37	1.96	0.65
DFY-136	铁质黏土岩	90.20	16.09	80.10	14.80	13.35	6.32	38.20	5.36	2 988.20	10.25	6.17	0.66
DFY-137	铁质黏土岩	2.09	0.41	3.80	0.65	26.05	0.37	2.37	0.39	54.50	4.70	0.97	0.85
DFY-138	豆鲕状黏土岩	19.09	4.21	19.80	4.55	20.43	1.73	9.77	1.36	323.91	4.18	4.26	0.90
DFY-139	水云母黏土岩	20.50	2.52	11.60	2.23	46.85	0.96	6.20	0.88	447.25	8.92	0.95	0.75
DFY-140	炭质黏土岩	2.63	0.52	2.87	0.69	6.24	0.46	2.88	0.47	135.11	10.07	6.02	0.31
DFY-141	灰绿色黏土岩	8.12	1.44	7.85	1.92	3.38	1.01	5.80	1.01	255.57	7.35	1.33	0.64
DFY-142	铝土质黏土岩	1.66	0.28	2.36	0.51	38.65	0.30	1.90	0.32	86.24	9.78	2.91	0.53
DFY-143	粉砂质页岩	148.0	22.68	128.0	19.80	4.48	6.27	28.90	4.19	2 166.63	5.03	2.29	0.31
DFY-144	粉砂质页岩	9.60	2.56	12.80	2.80	2.40	1.20	6.70	1.00	485.15	1.35	2.89	0.66
DFY-145	粉砂质页岩	7.20	9.41	6.08	1.18	2.46	0.54	3.30	0.53	225.65	9.94	4.23	0.27

续表

样品编号	样品名称	$w_B/(\times10^{-6})$								$\sum$REE	LREE/HREE	δCe	δEu
		Gd	Tb	Dy	Ho	Er	Tm	Yb	Lu				
DFY-146	粉砂质页岩	5.20	0.78	3.85	0.93	7.54	0.44	2.54	0.40	203.26	11.97	4.07	0.71
DFY-147	粉砂质页岩	40.90	4.69	2.54	6.10	4.77	2.41	14.82	2.22	935.58	8.14	1.69	0.61
DFY-148	灰色颗粒灰岩	15.60	2.22	9.10	2.02	2.69	0.67	3.46	0.53	189.70	5.05	0.92	0.77
DFY-149	灰岩	11.80	2.05	9.60	2.01	41.55	0.78	4.17	0.62	283.14	7.44	4.39	0.30
DFY-150	亮晶灰岩	3.47	0.51	3.04	0.60	2.78	0.23	1.10	0.19	46.54	4.19	0.80	1.11
DFY-151	灰岩	10.40	1.40	6.60	1.36	3.31	0.51	2.83	0.43	124.33	4.62	0.84	0.90
DFY-152	泥晶灰岩	18.90	4.12	18.70	3.80	16.87	1.26	6.60	0.89	295.35	4.04	2.52	0.80

注：试样使用中国科学院地球化学研究所矿床地球化学全国重点实验室检测，其中的微量元素使用电感耦合等离子质谱仪分析，而常量成分使用 X 射线荧光光谱仪分析。

铝土矿矿石中 δEu 为 0.34 ~ 0.89,平均为 0.67;铝土岩 δEu 为 0.27 ~ 1.03,平均为 0.65;黏土岩 δEu 为 0.19 ~ 0.90,平均为 0.64;粉砂质页岩 δEu 为 0.27 ~ 0.71,平均为 0.51;灰岩 δEu 为 0.30 ~ 1.11,平均为 0.78。大部分岩石中铕存在负异常($\delta Eu<1$),特别是灰岩中铕负异常较明显。

介质的 pH 值以及含矿岩系铝土矿化程度制约稀土元素富集。赋矿地层下部 pH 值为中性—碱性,为稀土元素的富集提供了有利的外部条件。矿石中稀土元素的富集程度与风化程度密切相关,稀土元素的富集部位更容易出现于赋矿地层底部。赋矿地层底部稀土元素富集程度与高岭石、伊利石等黏土矿物的富集程度具有显著的正相关性,黏土矿物富集程度提升,稀土元素含量随之提高,多以类质同象形式出现于黏土矿物中。赋矿地层底部因各种地质作用引起稀土元素产生并富集也是因素之一。科学研究指出,稀土元素的吸附能力与其离子半径呈正相关关系,稀土元素被认为以离子状态吸附在黏土等矿物的表面上。质量平衡计算表明,在淋滤过程中,不同 REE 之间存在明显的分馏,且 LREE 比 HREE 更易迁移。铝土矿中稀土元素成形过程中,稀土元素从顶部向底部移动,其他不利元素也从上到下移动。因此,可以推断出轻稀土元素相对于重稀土元素更容易被铝土矿中的黏土矿物吸附。这是轻稀土元素在铝土矿中相对富集的主要原因。

4.4.6　Ga、Li、Sc、REE 的可利用性评价

研究区铝土矿中伴生的主要矿产为耐火黏土和铁矾土等,除此之外,还伴生多种有益组分。晋中、豫西、渝南和黔北等地的沉积型铝土矿伴生丰富的“三稀”资源。

Ga 无独立的矿床工业指标,一般作副产品在其他矿种冶炼过程中回收利用,用于消费电子产品和可再生能源应用。单独矿物极少发现,目前仅发现一种硫镓铜矿($CuGaS_2$)。我国镓矿主要伴生在铝土矿、煤矿和铅锌矿之中,以铝土矿中伴生镓最为重要,接近九成来源于铝土矿。2021 年,中国地质大学(北

京)郑州研究院开展了铝土矿伴生镓综合评价指标论证,专家建议铝土矿伴生镓综合评价参考指标最低为 0.01%。三水型铝土矿中镓的浸出研究表明,赤泥和循环母液中的镓均具有回收价值(蒋常菊,2023),从粉煤灰中提取镓的技术也逐渐成熟。大佛岩矿区铝土矿石中镓元素质量分数为 $25.60 \times 10^{-6} \sim 115.60 \times 10^{-6}$,平均为 72.67×10^{-6}。根据矿区经多年地质勘查数据,镓在铝土矿体中平均品位为 0.008 1%,依此估算镓的潜在矿产资源为 10 955.42 t,具有较好的经济价值。

Li 被称为"21 世纪的能源金属",锂离子电池技术是汽车电气化的关键组成部分。目前常见的锂矿物和含锂矿物有 20 多种,主要有盐湖卤水型、花岗伟晶岩—碱长花岗岩型及沉积型 3 种矿床类型。我国铝土矿多数为沉积型,通常富集锂,Al 主要存在于水铝石、高岭石和伊利石中,而 Li 主要存在于黏土矿物中,少量存在于水铝石中。锂综合利用最低工业指标为 260×10^{-6},研究区铝土矿样品中 Li 为 $16.78 \times 10^{-6} \sim 1 605 \times 10^{-6}$,平均为 915.72×10^{-6},其 Li 含量在赋矿地层中变化系数较大,最高为铝土岩,其次为铝土矿。当前受多种因素制约,只在美国、墨西哥等国进行开发利用沉积型伴生锂矿床。国内外实验表明,沉积型伴生锂资源在提取技术上是可行的,因未进行工业化试生产,其试验结果可重复性及经济性不够明确。因此,继续加强工艺矿物学研究,扩大实验室、半工业化或工业选冶试验研究,有望将沉积型伴生锂资源转变为可回收利用的资源,具有较好的综合利用的前景。

Sc 的性质与稀土相似,没有独立的矿床类型。在地球化学循环中,已知 Sc 存在于镁铁质和超基性岩石中,而不是长英质岩石中,沉积岩通常表现出非常低的 Sc 含量。目前国内没有综合利用 Sc 的工业标准,国外回收最低质量分数为 20×10^{-6}。根据研究区铝土矿赋矿地层 Sc 质量分数为 $5.70 \times 10^{-6} \sim 82.55 \times 10^{-6}$,平均为 34.01×10^{-6},质量分数大都超过了最低回收利用要求。初步选矿试验表明,利用高铁铝土矿焙烧-化学预脱硅-拜尔法工艺,钪的回收率为 94.4%;利用高硫铝土矿浮选脱硫-浮选脱硅-拜尔法工艺,钪的回收率为 68%。

上述两种方法取得赤泥富含钪元素,再经过选冶加工除杂,可获得钪的高纯氧化物,其选矿回收率通常大于 95%。目前,国内外可以采用多种方法从铝土矿矿渣(赤泥)或废水中提取钪。因此,在矿石选冶加工过程中,应考虑开展半工业-工业试验研究并比选试验方法经济性,研究综合利用伴生钪元素。

V 独立的矿床很少,主要为共伴生矿床,相关类型主要有:钒钛磁铁矿矿床、钒钾铀矿矿床、绿硫钒矿-地沥青矿床(独立矿床)、钒铅矿矿床等,攀枝花地区钒钛磁铁矿是世界最大的钒矿资源产地。V_2O_5 的最低综合利用工业指标为 $0.10\% \sim 0.50\%$。研究区 V_2O_5 质量分数为 $143\times10^{-6} \sim 648\times10^{-6}$,平均为 416.09×10⁻⁶,均低于工业利用的最低指标,无综合利用价值。

REE 元素富集受到碎屑物质风化程度的影响,以及该地区各种沉积岩中残余物质的沉积或再沉积的影响。含矿岩系中稀土元素和微量元素(如 Ti、Nb、Zr、Hf、Ta 和 Th)均有明显的富集,来自母岩的稀土元素很容易被含有铁的氧化物且高度风化的土壤中的矿物捕获。REE 工业上目前没有回收利用指标,可参考其他类型稀土矿床回收指标:边界品位 REE>0.008%,工业品位 REE 为 $0.016\% \sim 0.020\%$;可以通过多种方法提取铝土矿矿渣中的稀土元素。已知样品中多数未达到要求且 REE 在矿石中的赋存状态不明。

根据分析认为,研究区 Ga、Nb、V 等伴生元素的富集程度与分布特征和 Al_2O_3 的富集程度关系较为密切(图 4.31)。根据山西铝土矿伴生有益元素和稀土元素的研究,REE、Sc 等元素在赤泥中容易吸附集中,但 Ga、Li、V 等元素在循环母液中容易吸附集中。Ga 已经在铝土矿开发利用中进行了综合利用,通过选冶加工技术试验已经成功提取了 Sc、Li 等元素,因此选矿成本较高,无法规模化工业化生产。单纯就矿石选冶加工技术而言,Ga、Li、Sc 等伴生元素的综合回收利用是可以实现的。

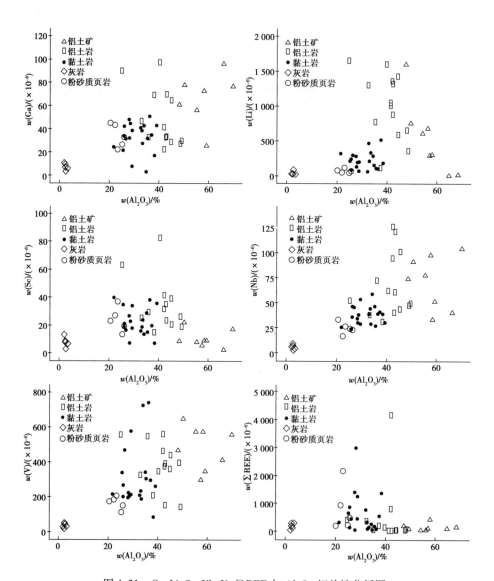

图 4.31　Ga、Li、Sc、Nb、V、$\sum$REE 与 Al$_2$O$_3$ 相关性分析图

4.5 资源条件

1）铝土矿资源

矿区经多次勘查，累计查明资源量 544.47 万 t，截至 2022 年底，保有资源量 7 479.25 万 t，其中保有探明资源量 81.78 万 t，保有控制资源量 5 541.38 万 t，保有推断资源量 1 856.09 万 t。铝土矿矿体平均厚度 1.81 m，平均品位：Al_2O_3 61.12%，SiO_2 14.97%，Fe_2O_3 5.22%，TiO_2 2.57%，S 1.21%，LOSS 13.98%，A/S 4.08。

I 号矿体为最大矿体，保有资源量 595.871 万 t，其中探明资源量 150.86 万 t，控制资源量 5551.81 万 t，推断资源量 256.04 万 t。铝土矿矿体平均厚度 1.93 m，平均品位：Al_2O_3 61.33%，SiO_2 14.58%，Fe_2O_3 5.59%，TiO_2 2.53%，S 1.23%，LOSS 13.93%，A/S 4.21。

2）伴共生矿产资源

矿区铝土矿体直接顶板或底板常为硬质耐火黏土或铁钒土矿体，它们呈似层状、透镜状与铝土矿体相伴共生产出，但连续性稍差。共伴生矿产资源估算结果如下。

硬质耐火黏土矿体：全区共获硬质耐火黏土矿矿石推断资源量 3 925.33 万 t。其中，川洞湾、灰河—大佛岩矿段：上矿层平均厚度 1.07 m，推断资源量 2 687.47 万 t；平均品位：Al_2O_3 43.60%，SiO_2 35.61%，Fe_2O_3 1.98%，TiO_2 1.82%，S 0.55%，LOSS 13.79%，耐火度 1 760 ℃；下矿层平均厚度 0.93 m，推断资源量 838.56 万 t，平均品位：Al_2O_3 43.66%，SiO_2 35.12%，Fe_2O_3 2.50%，TiO_2 2.13%，S 0.32%，LOSS 13.02%，耐火度 1 780 ℃。吴家湾矿段：下矿层平均厚度 1.10 m，推断资源量 399.30 万 t，平均品位：Al_2O_3 42.38%，SiO_2 37.25%，Fe_2O_3 2.07%，TiO_2 1.95%，S 0.51%，LOSS 13.31%，耐火度 1 774 ℃。

铁钒土矿体：全区共获铁钒土矿推断资源量 6 198.91 万 t。其中川洞湾、灰河—大土矿段：上矿层矿体平均厚 0.96 m，推断资源量 1 712.95 万 t，平均品位：Al_2O_3 40.95%，SiO_2 33.52%，Fe_2O_3 5.91%，TiO_2 2.02%，S 0.97%，LOSS 11.93%；下矿层平均厚 1.10 m，推断资源量 3 830.75 万 t，平均品位：Al_2O_3 40.90%，SiO_2 36.17%，Fe_2O_3 7.07%，TiO_2 1.92%，S 1.32%，LOSS 13.83%。吴家湾矿段：上矿层矿体平均厚 1.12 m，推断资源量 350.96 万 t，平均品位：Al_2O_3 41.98%，SiO_2 33.13%，Fe_2O_3 4.88%，TiO_2 2.09%，S 2.94%，LOSS 14.55%；下矿层平均厚 0.95 m，推断资源量 304.25 万 t，平均品位：Al_2O_3 40.52%，SiO_2 35.02%，Fe_2O_3 6.50%，TiO_2 1.85%，S 0.38%，LOSS 13.29%。

镓的资源量：该矿区稀有元素中镓含量较高，铝土矿体中镓的平均品位为 0.008 1%，依此估算镓的潜在矿产资源为 10 955.42 t。

3）资源压覆情况

根据本次调查情况，矿区不存在被铁路、公路、机场、油气管道、特高压输变电线路、重要引水工程、人工水库、城镇等重大建设项目压覆的情况，无铝土矿压覆矿产资源量。

4）矿床远景资源评价

灰河—大佛岩矿段深部所施工的边缘钻孔均见矿（ZK4026 孔因断层而未见矿），厚度较大，且少数钻孔仍见富矿，尚有资源潜力，可对其深部进行地质勘查工作扩大矿床资源规模。对吴家湾—川洞湾之间无工程控制地带，根据现有钻探工程见矿情况，吴家湾—川洞湾之间空白区具有良好成矿条件，有望扩大远景资源。

第5章 矿石加工技术性能

2002年,由于受当时技术水平的限制,大佛岩-川洞湾铝土矿区仅做了碱石灰烧结法试验,所获成果不能全面反映矿床矿石加工技术性能。

大佛岩-川洞湾铝土矿区矿石加工技术性能试验参考与本矿床矿石类型类似的菜竹坝矿床及黔江区水田坝铝土矿床之加工技术性能试验结果进行评价。经大佛岩-川洞湾铝土矿石与菜竹坝、黔江区水田坝之矿石对比,其矿石类型、矿石质量、化学成分相似,因此,菜竹坝矿床矿和黔江区水田坝铝土矿石加工技术性能试验结果,基本可以代表大佛岩-川洞湾铝土矿床矿石加工技术性能。

5.1 试验种类、方法和试验结果

5.1.1 大佛岩-川洞湾铝土矿床

大佛岩-川洞湾铝土矿床采取的可溶性试样仅作了碱石灰法烧结试验,但可以从可溶性试验结果得出铝土矿石加工技术如下几个基本特点。

①Al_2O_3 含量在60%以上,A/S值大于8的优质铝土矿石,除可用碱石灰烧结法处理外,也适合用拜尔法处理。其余仅适于用碱石灰烧结法处理。

②凡 Al_2O_3 含量大于40%,A/S值大于1.8的矿石,均可作为生产氧化铝的原料。

③K4-2A、K4-3A、K4-10A 3 个烧结矿样,烧结后质较疏松,在以后投入工业生产时,在不影响烧结质量的情况下,可将烧结温度再提高 30～50 ℃,使其烧结反应更加完全,从而在现有基础上再可以提高 Al_2O_3 的回收率。

④各类矿石在生产氧化铝时,Na_2O 回收率均较高,个别结果虽超差较大,但不影响评价问题。

5.1.2 菜竹坝铝土矿床

从菜竹坝铝土矿床采取的可溶性试样,按矿石类型分别进行土状铝土矿及组合铝土矿拜尔法试验、致密状及致密豆状铝土矿碱石灰烧结法试验、土状高硫铝土矿拜尔法试验,可以看出:

①土状铝土矿高压溶出温度 240 ℃/2 h,Al_2O_3 溶出率可达 95% 左右,碱化学损失可降到 5 kg NaOH/吨氧化铝,高压赤泥稀释泥浆沉降速度添加麦麸 0.3% 可以达到 0.9 m/h 左右,适用于拜尔法生产氧化铝。

②致密状、致密豆状铝土矿采用碱石灰烧结法处理,烧结温度范围为 1 300～1 430 ℃,Al_2O_3、Na_2O 工业条件溶出率皆超过 90%,赤泥沉降性能良好,但考虑到低 F/A 比熟料烧结时窑皮不易维护,建议初期投产可考虑配一部分铁使 F/A 达到 0.08,这种配铁后的熟料烧结温度范围为 1 250～1 310 ℃,Al_2O_3、Na_2O 工业条件溶出率皆超过 90%,赤泥沉降性能可以控制,随着烧结技术的掌握逐步将铁少配直至不配。

③两个组合矿样(土状、致密状、致密豆状矿混采)A/S 值分别为 8.43、9.7,高压溶出 230～240 ℃/2 h,Al_2O_3 溶出率分别可达 85.8%、88%,碱的化学损失分别为 96.0、114.0 kg NaOH/t 氧化铝。添加麦麸 0.3% 拜尔赤泥沉降速度分别为 0.68 m/h、0.85 m/h,亦适用于拜尔法处理。

④土状高硫铝土矿(S 2.74%)可采用 600 ℃ 焙烧脱硫,经焙烧的矿石除达到排硫目的外,尚能使 Al_2O_3 易于浸出,提高沉降槽产能一倍以上,降低精液 Fe_2O_3 含量并提高有机物排出量;亦可考虑采用精液加氧化锌(ZnO)以沉淀硫,

硫化锌(ZnS)可考虑焙烧脱硫后返回使用。混矿(S 1.25%)可考虑在高压溶出时添加氧化锌达到排硫目的;增加生产费用 9.6 元/吨氧化铝,消耗氧化锌约 7.5 kg/t 氧化铝,或考虑采用焙烧,精液添加氧化锌等措施。

5.1.3 水田坝铝土矿床

2018 年,重庆市地质矿产测试中心提交报告《重庆市黔江区水田坝铝土矿综合利用选冶试验研究》,主要试验内容有铝土矿选矿脱硅制备铝土精矿试验、铝土矿制备高铝耐火黏土试验、铝土矿尾矿制作免烧砖试验等。这里重点引用叙述"铝土矿选矿脱硅制备铝土精矿试验"成果,其他两个试验成果本书不叙述。

通过系统的条件试验、流程试验,最终推荐的闭路试验主干流程为:"一次粗选-一次扫选-四次精选"的选矿工艺流程。确定了最佳工艺技术条件,适宜磨矿细度为-0.074 mm 占 86.6%,调整剂碳酸钠用量为 4 000 g/t,矿浆 pH 值控制在 8.7 左右,抑制剂六偏磷酸钠用量为 120 g/t,捕收剂 TNB05 用量为 1 200 g/t。该工艺流程对铝土矿实现了少选、多收、早收,有效降低了脉石矿物对铝土精矿产品质量影响。闭路试验可获得产率 67.18%,三氧化二铝品位 67.85%、回收率 77.18%,铝硅比 9.07 的铝土精矿,产品质量符合国家标准《铝土矿石》(GB/T 24483—2009)CLK8-65 牌号相关质量要求,为同级产品中的优质品。

5.2 矿石工业利用性能评价

从大佛岩-川洞湾铝土矿床各类矿石加工技术试验结果,以及同类型矿床菜竹坝铝土矿、水田坝铝土矿矿石加工技术试验结果,研究区矿石加工技术性能特点如下。

①铝土矿的 Al_2O_3 含量在 62% 以上且 A/S 值大于 7，属于三级品以上的优质样品，主要呈土状或土豆状。这些铝土矿除了用拜尔法进行处理外，也可以用碱石灰烧结法进行处理。铝土矿的 Al_2O_3 含量在 62% 以下但大于 40%，且 A/S 值为 1.8 ~ 7，主要为致密豆状或致密状矿石。这些高硅矿石可以采用碱石灰烧结法进行处理，或者用拜尔法处理。

②大佛岩-川洞湾铝土矿以中高硫铝土矿为主，在氧化铝生产过程中，硫以黄铁矿或其他含硫矿物的形式存在，进入铝酸钠溶液中，产生硫化物、硫酸盐、硫酸氢盐和硫代硫酸盐。这种硫变成了硫酸钠，导致缺碱。熟料中硫含量的增加导致操作困难。钠的熔点只有 884 ℃。此外，硫化钠可以产生低熔点物质。当低熔点物质被烧结时，它们变成了液体。硫化钠液体的黏度很高，在窑中形成熟料环。在循环溶液中，硫的积累增加了溶解铁的浓度，污染了氢氧化铝的生产。硫以硫化物和硫代硫酸盐的形式存在，会增加钢铁设备的腐蚀性，而且当硫酸钠浓度达到一定浓度时，会导致操作困难；例如，当苛性碱浓度为 280 ~ 300 g/L 时，硫酸钠的溶解度为 4 g/L。如果硫酸钠的浓度超过 4 g/L，则硫酸钠晶体将沉淀。因此，高硫铝土矿必须在提取前或提取时进行脱硫处理。我国工业上采用混煤法对高硫铝土矿进行脱硫，脱硫率较低，仅为 33%。旋转脱硫和铝酸钡脱硫工艺已被证明具有成本效益且操作简单。

根据中国铝业股份有限公司脱硫试验，含 S 大于 0.8% 的高硫矿石，采用浮选法排硫，处理每吨矿石需增加费用 3 元，则 S 含量可降低至 0.4% 以下。这在经济和技术上可行。

③铝土矿中的氧化铁以赤铁矿、沼铁矿和铝针铁矿的形式存在，影响拜耳法选矿效果。因此，添加了絮凝剂以提高沉降速率，但一些可溶性胶体铁颗粒仍然可以从这些操作中逸出，并与最终的氧化铝产品接触。当消解温度较高（200 ~ 250 ℃）时，除赤铁矿外，其余 11 种铁与碱液发生反应，增加了药剂消耗。当消解温度为 100 ~ 150 ℃ 时，铝针铁矿呈惰性，导致红泥中铝含量降低，从铝中提取一部分铝针铁矿。最后，氧化铁使拜耳法产生的残留物的处理过程

复杂化,这是一个涉及环境问题和金属回收价值的关键问题。氧化铁通过与酸性消化溶液反应干扰氧化钛的消化过程。在这种情况下,氧化铁必须通过磁选或氧化钛回收前进行烧结,使工艺更加复杂,增加了能源消耗。

铝土矿的 Al_2O_3 含量大于 50%,Fe_2O_3 小于 3.5%,耐火度在 1 630 ℃ 以上的矿石,除可作生产氧化铝原料外,还可作高级耐火材料利用,而 Fe_2O_3 大于 3.5% 的矿石,则可作为铁钒土用作炼钢熔剂。

④铝土矿的 Al_2O_3 含量大于 40% 且 A/S 值>1.8 的矿石可以通过碱石灰烧结法或拜尔法处理,其 Al_2O_3 和 Na_2O 的浸出率和回收率均达到 90% 以上,非常高,可以完全用作氧化铝的原料生产。

⑤铝土矿的 Al_2O_3 含量大于 70% 且 A/S 值>9 的矿石,除可用于拜尔法生产氧化铝外,还是加工制造电熔刚玉、高铝水泥的原料。

⑥共伴生矿产硬质耐火黏土矿和铁钒土矿,目前市场饱和,无市场前景,无综合利用价值;铝土矿中赋存的镓已达回收指标,且市场前景较好,可综合利用。在生产氧化铝的循环母液中镓富集较高,经碳酸化和氢氧化钠处理,再通过水溶液电解,可对金属镓进行回收。

⑦综合利用选冶试验的研究表明,采用浮选脱硅的全流程闭路试验,原矿经过一次粗选、一次扫选、四次精选闭路浮选作业,最终获得的铝精矿三氧化二铝品位可达 67.85%、回收率达到 77.18%、铝硅比可达 9.1,各选别指标理想。

综上所述,研究区铝土矿的工业利用价值可以基本肯定,并且随着科学技术的不断发展、选矿技术的日益更新,氧化铝生产选矿拜尔法的出现和生产实践,为本区铝土矿的工业利用进一步奠定了基础。根据矿石有益、有害化学组分及矿石加工技术性能分析,在铝土矿开采利用中,可回收有益组分 Al_2O_3、Ga,排出有害组分 S,建议采用拜尔法进行矿石处理,其理由是:工艺流程简单,技术可行,费用增加不多,浸出时添加氧化锌可以排出有害组分 S。

第6章　开采技术条件

6.1　区域水文地质

区内地表河流不发育,主要有大洞河,地表季节性冲沟广泛分布,为河流溯源侵蚀区,切割强烈,流量变化较大,流速急,季节变化明显。

区内地下水主要接受大气降水补给,地下水动态随降水呈周期性季节变化。区域地势南高北低,山顶海拔一般在 1 600 ~ 1 800 m,最高猪鼻岭海拔 1 839.1 m,最低为大洞河床标高 300 m,为区域侵蚀最低基准面,相对高差 1 300 ~ 1 540 m。山顶呈舒缓波状,横向 V 形谷发育。研究区南部与云贵高原接壤带为区域分水岭,北部至大洞河,为一个完整的水文地质单元(图 6.1)。

该区域属于构造溶蚀地貌区,其地形轮廓受区域构造、地层岩性和溶蚀作用的共同影响和制约。吴家湾背斜、大矸坝逆冲断层及长坝向斜大致穿过矿区发育。地貌上从西向东分为溶蚀平原区、垄脊中山区、溶蚀台塬低山区、垄脊槽谷中山区(表 6.1、表 6.2)。研究区内碳酸盐岩广泛出露,面积占 90% 以上。该区域的地表和地下岩溶现象非常发育,这主要是受构造、岩性和地貌影响所致。在台塬地貌和分水岭地区,由于大气降水垂直入渗,主要形成了落水洞和溶蚀洼地。在悬崖陡壁和河谷低洼地区,则是地下水径流的排泄区,形成了溶洞、落水洞、岩溶大泉和暗河出口。从岩溶个体形态来看,落水洞占 48.98%,溶洞占 30.61%。从岩溶个体出露层位来看,二叠系茅口组占 51.02%,三叠系飞仙关组为6.12%（表6.2）。

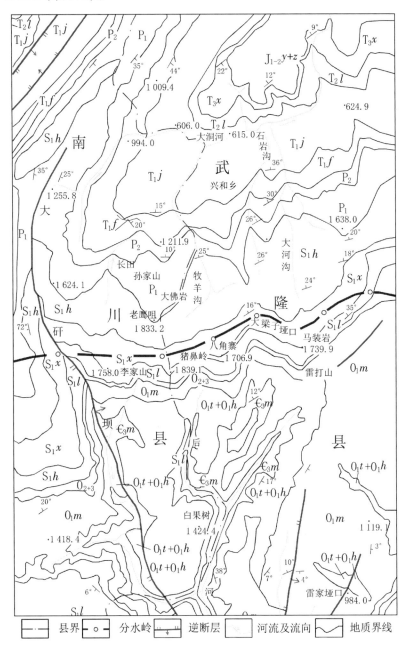

图 6.1 区域水文地质简图

表 6.1　区域地貌分区表

代号	分区	标高/m	位置	地貌特征
I	溶蚀平原区	300 ~ 500	研究区西部	位于吴家湾背斜西翼,出露地层为三叠系嘉陵江组灰岩,地势平坦,水江镇所在地
II	垄脊中山区	1 000 ~ 1 300	研究区西部	位于吴家湾背斜核部、大矸坝逆冲断层穿过,出露地层为二叠系龙潭组、茅口组灰岩,呈南北向延伸
III	溶蚀台塬低山区	750 ~ 900	研究区东部	位于大矸坝逆冲断层上盘,长坝向斜核部,出露地层为三叠系嘉陵江组灰岩,北、东、西三侧被沟谷切割
IV	垄脊槽谷中山区	1 000 ~ 1 600	研究区东部	位于长坝向斜东翼,出露地层为二叠系龙潭组、茅口组、栖霞组灰岩,呈南北向延伸

表 6.2　区域岩溶特征表

出露地层	岩溶特征						
	落水洞/个	溶蚀洼地/个	溶洞/个	暗河/条	总数		百分比/%
					分层	总计	
三叠系嘉陵江组	1	2	3	1	7		14.0
三叠系飞仙关组	1	—	1	1	3		6.0
二叠系龙潭组	3	—	1	1	5	50	10.0
二叠系茅口组	14	3	8	1	26		52.0
二叠系栖霞组	5	2	2		9		18.0
小　计	24	7	15	4			茅口组暗河为:推测暗河
百分比/%	48.0	14.0	30.0	8.0			

(1)天坑、峡谷

天坑位于研究区中部让水坝山羊沱(R122),坑口高程 865 m,长 300 m,宽 50 ~ 100 m,深 100 ~ 150 m,坑底杂草丛生,植物茂盛,曾经有人耕作。出露岩石为三叠系嘉陵江组灰岩。峡谷位于研究区北部牧羊沟中下游、龙田沟下游、大洞河上游,三沟(河)相连为一整体,呈"Y"字形。牧羊沟中下游段长3 500 m,一般宽6～8 m,切割深150～200 m,龙田沟下游段长2 000 m,一般宽3～5 m,切割深100～150 m,大洞河上游段长5 000 m,一般宽8～10 m,切割深120～150 m。沟中峡谷幽深、怪石林立(钙华、钟乳石)风景优美。

(2)暗河、伏流

研究区暗河、伏流的分布主要受构造和岩性控制。区域内共发现三条暗河(伏流),总长1 650 m。

灰河暗河:位于灰河沟与牧羊沟之间,于R109落水洞转入地下,高程667.10 m,出露岩石为飞仙关组(T_1f)灰岩,地表水流量10.87 m^3/s,水质类型为重碳酸钙型水,于肖洞岩暗河出口(R131)处流出地表(牧羊沟)。暗河发育长1 200 m,暗河出口(R131)流量55.0 m^3/s,高程495 m。出露岩石为三叠系飞仙关组灰岩。该暗河的形成主要受长坝向斜和岩性控制,暗河走向与长坝向斜轴向成30°斜交。向斜轴深部的剪性张裂隙发育,地表水沿裂隙侵蚀流动,逐渐形成为地下水(地表水)的主要径流通道,直至形成暗河。

大洞河伏流:该伏流位于大洞河与牧羊沟之间,于伏流进口(R117)转入地下,于大洞河源头(W113)出口处流出地表(大洞河)。伏流进口高程392.43 m,出露岩石为嘉陵江组(T_1j)灰岩,地表水流量100.8 m^3/s,水质类型为重碳酸钙型水,伏流发育长200 m。伏流出口(W113)高程385.57 m,出露岩石为三叠系飞仙关组灰岩,地下水流量100.8 m^3/s。

水洞伏流:该伏流位于水洞,于伏流进口W136大泉处转入地下,于R140出口处流出地表。伏流进口高程750 m,出露岩石为龙潭组(P_3l)组灰岩,地表水流量2.5 m^3/s,伏流发育长250 m。伏流出口高程700.5 m,出露岩石为龙潭组(P_3l)灰岩,地下水流量5.5 m^3/s。

(3)区域水文地质特征

该地区的含水层主要由二、三叠系的灰岩组成,而隔水层主要由中志留统的粉砂质页岩组成。裂隙岩溶比较普遍,主要分布在岩溶沟谷和岩溶峰丛谷地的地形形态组合中,其中包括漏斗、溶蚀洼地、落水洞、溶洞和暗河等不同形态的岩溶个体。这些岩溶的发育和分布受多种因素的控制,包括构造、岩性和地貌。在该地区,台面上有着漏斗、落水洞和溶蚀洼地,而崖壁上则是水平溶洞。流经该区域的主要河流是大洞河,起源于灰河沟和龙田沟的交汇处,并且流经长坝和白马,最终汇入乌江。该地区的岩溶发育下限为碳酸盐岩和志留系页岩的交界面。地下水的唯一补给来源是大气降水,其中大部分汇集在山间溪沟中直接排放,只有少部分通过节理、裂隙、溶坑、洼地、漏斗和落水洞等进入地下,在岩溶管道、暗河和裂隙中汇聚,最终在隔水层或相对隔水层受阻后,以接触泉、裂隙泉、岩溶大泉或暗河出口等形式排泄到地表。地下水循环条件良好,径流途径短,但由于水文地质条件较为简单,地下水比较贫乏。

灰河与牧羊沟交汇处标高500 m,为矿区当地最低侵蚀基准面。吴家湾矿段含矿层均位于当地最低侵蚀基准面以上;川洞湾矿段、灰河—大佛岩矿段含矿层部分位于当地最低侵蚀基准面以下。

本次主要对川洞湾矿段、灰河—大佛岩矿段(Ⅰ、Ⅱ、Ⅲ矿体)水文地质条件进行论述,工程地质环境地质合并论述。

6.2　矿区水文地质

6.2.1　含(隔)水层的划分及矿床主要充水含水层的特征

根据钻孔的水文地质特征及水文地质调查分析,并结合矿区特点,以含水岩组的形式进行描述(表6.3、表6.4、表6.5)。

表6.3　川洞湾、灰河—大佛岩矿段地表水(地下水井、泉)点统计表

点　号	含水层位	水点名称	流量/(L·s⁻¹)	X	Y	H	观测日期
W102(长观)	Q	地表水	2.552	3 235 751	36 435 925	1 250.46	2003.9.3
W103(长观)	P_2q^2	下降泉	0.349	3 235 573	36 436 159	1 249.38	2003.9.3
W104	P_3l	下降泉	0.01	3 235 860	36 437 300	1 181.21	2003.9.6
W105	Q	民井	0.01	3 237 357	36 437 579	1 078.85	2003.9.6
W109(长观)	Q	灰河沟地表水	194.44	3 235 020	36 438 678	866	2003.9.10
W110(长观)	P_3l	岩溶大泉	10.5	3 236 078	36 439 440	785.75	2003.9.10
W121	T_1f	下降泉	0.123	3 237 764	36 438 554	1 015.6	2004.3.17
W123	T_1f	下降泉	1.094	3 237 747	36 438 990	880.35	2004.3.17
W128	S_2h	下降泉	0.123	3 236 255	36 435 372	1 430	2004.4.2
W150	P_2m^2	下降泉群	0.114	3 234 229	36 437 318	1 430.29	2004.7.27
w153	P_3c	岩溶泉	2.172	3 236 571	36 440 265	685.2	2004.10.16
w154	P_2m^{4+5}	老窑水	1.094	3 235 519	36 438 769	852	2004.10.16
w3	S_2h	下降泉	0.242	3 234 525	36 438 975	1 025	2000.8.22
w5	S_2h	下降泉	0.08	3 234 295	36 439 135	1 126	2000.8.22
w1	S_2h	下降泉	0.014 2	3 235 067	36 438 410	1 000	2000.8.22
w6	S_2h	下降泉	0.333 7	3 233 794	36 439 761	—	2000.8.22
w16	S_2h	下降泉	1.046 3	3 233 682	36 439 649	—	1960.6.5
w1	S_2h	下降泉	6.983	3 233 003	36 441 605	—	1960.6.3
w21	S_2h	下降泉	0.112	3 232 603	36 441 145	—	1971.7.20
w24	Q	下降泉	1.395	3 233 669	36 441 751	—	1972.7.17
A9	P_2q^1	下降泉	0.14	3 233 905	36 442 048	—	1960.6.3
w19	Q	下降泉	0.325	3 233 669	36 441 751	—	1960.6.5
w6	Q	下降泉	0.092 6	3 233 891	36 441 541	—	1959.11.21
w25	Q	下降泉	0.603	3 234 041	36 441 701	—	1972.7.5
w5	P_2m^3	下降泉	0.319	3 234 591	36 442 567	—	1972.7.5
w4	P_2m^2	下降泉	0.783	3 234 845	36 442 098	—	1971.9.21
w9	Q	下降泉	4.667	3 233 945	36 441 183	—	1972.7.6

续表

点 号	含水层位	水点名称	流量/(L·s⁻¹)	X	Y	H	观测日期
w11	Q	下降泉	0.627	3 233 508	36 440 672	—	1960.6.4
w202	Q	下降泉	4.91	3 233 783	36 440 746	—	1960.6.4
w12	Q	下降泉	1.076	3 234 285	36 440 701	—	1959.11.25
w13	P_2m^3	下降泉	0.901	3 234 127	36 440 311	—	1959.12.10

表6.4　川洞湾、灰河—大佛岩矿段钻孔遇岩溶（裂隙）统计表

层 位	钻孔个数	遇溶洞（裂隙）孔数	钻孔揭露高程/m	岩溶（裂隙）最大深度/m	钻孔遇岩溶（裂隙）率/%
T_3f	11	3	915.43	0.5	27.27
P_3c+P_3l	28	7	1 209.93	3.7	25.0
$P_2m^3+P_2m^{4+5}$	47	13	727.58（ZK4019）	95.54（ZK4019）	27.66
P_2m^2	62	1	1 072.25	727.581.75	1.61
$P_2m^1+P_2q$	74	9	1 020.95	4.6	12.16

表6.5　川洞湾、灰河—大佛岩矿段碳酸盐岩地层岩溶特征表

岩溶层位			P_2q^1	P_2q^2	P_2m^3	P_2m^{4+5}	P_3l	总 数	%
总 数			3	4	4	4	2	17	—
面岩溶率/%			17.64	23.53	23.53	23.53	11.77		
岩溶形态	落水洞	个数	3	—	1	1	—	5	29.41
		%	100	—	25	25	—		
	溶洞	个数	—	3	2	1	1	7	41.18
		%	—	75	51	25	50		
	溶蚀洼地	个数	—	1	1	2	1	5	29.41
		%	—	15	25	50	50		

1）含水层

（1）强含水岩组

三叠系下统飞仙关组（T_1f）：岩溶管道强含水层岩组（暗河），岩性为中~厚层状灰岩、泥质灰岩、粉砂质页岩等。厚度大于235.88 m，出露高程610~1 150 m。钻孔遇岩溶率27.27%。该组发育一条暗河（灰河暗河），位于灰河沟与牧羊沟之间，于R109落水洞转入地下，高程667.10 m，出露岩石为飞仙关组（T_1f）灰岩，地表水流量10.87 m³/s，水质类型为重碳酸钙型水，于肖洞岩暗河出口（R131）处流出地表（牧羊沟）。暗河发育长1 200 m，暗河出口（R131）流量55.0 m³/s，高程495 m。该地层岩石出露较高处（山头及坡地）为弱含水性。

二叠系中统茅口组三、四、五段（P_2m^{3+4+5}）：岩溶管道强含水层岩组（暗河），岩性为中~厚层状粉屑生物微晶灰岩，厚159.07~325.08 m，地表出露高程650~1 650 m。构成矿区边缘二级陡崖。未见地下水出露，钻孔遇裂隙率27.66%，面岩溶率47.06%。地下水类型为岩溶溶蚀裂隙水。ZK5408、ZK4806、ZK3626钻孔水文物探测井也说明裂隙不甚发育。但钻孔揭露（ZK2109、ZK5212、ZK4019、ZK3626等4个钻孔）遇大溶洞无法继续施工，被迫移孔。且ZK4019钻孔遇大溶洞时有地下水流动发出的水声（通过钻杆传递）；ZK3626钻孔大溶洞内有砂卵石存在，卵石岩性为粉砂质泥岩，砂岩及灰岩，它的来源只能是川洞湾一带，其余地方无法进入该大溶洞。因此判断有地下管道存在，形成暗河管道（该暗河特征见后岩溶、裂隙特征），运输巷道如果通过该层时应注意暗河管道的突（涌）水（砂）等岩溶水文地质问题。以上强含水岩组因远离含矿层，为矿床间接充水含水层。

（2）一般含水岩组

二叠系中统栖霞组及茅口组一段（$P_2q+P_2m^1$）：岩溶潜水含水层，其中栖霞组由上、中、下三部分组成，上部为深灰色中~厚层状粉屑生物微晶灰岩，夹杂着少量灰黑色薄层状沥青质生物屑灰岩；中部为深灰色中厚层粉屑生物微晶灰岩，夹灰黑色薄~中厚层沥青质生物碎屑灰岩；下部为深灰色中厚层状粉屑生物微晶灰岩和灰黑色沥青质生物碎屑灰岩交替出现。茅口组一段下部为深灰色薄~中厚层状沥青质生物屑灰岩,夹粉屑生物微晶灰岩;中、上部为浅灰至灰白色厚层状砂屑生物微晶灰岩;顶部为灰~深灰色中厚层状粉屑生物微晶灰岩,夹薄层状沥青质生物屑灰岩,厚 78.86 ~ 202.31 m,地表出露高程 866 ~ 1 750 m。矿区节理发育,主要为走向 20°~40°,倾向南东—北西,倾角 70°~80°和走向 330°~340°,倾向南西—北东,倾角 68°~80°两组,地表溶洞和漏斗均沿该两组节理发育,深部未遇溶洞。钻孔遇裂隙率 12.16%,面岩溶率 41.17%。地表岩溶裂隙泉少见,一般流量 0.015~0.17 L/s,最大流量 W103 号泉达 61.012 L/s;平均单位涌水量 $q = 3.629$ m³/(d·m),平均渗透系数 0.029 51 m/d。水质类型为重碳酸钙型水,地下水类型为岩溶溶蚀裂隙水。ZK4806、ZK5408、ZK3626 钻孔水文物探测井也说明裂隙不甚发育。栖霞组及茅口组一段为矿层顶板直接充水含水层,构成矿区边缘一级陡崖。

(3)弱含水岩组

二叠系上统龙潭组及长兴组(P_3l+P_3c):岩溶潜水含水层,岩性为中~厚层状砂屑生物微晶灰岩、硅化灰岩,厚层状粉砂岩、粉砂质泥岩、泥岩及炭质页岩,夹薄~中厚层状粉屑生物微晶灰岩,全层厚 121.18~245.45 m,主要分布于北部及外围,出露高程 975~1 395 m,构成峰丛谷地地貌,大部分被第四系覆盖,植被发育。钻孔遇裂隙率 25%,面岩溶率 11.77%。赋存裂隙水,地下水点出露较多,W110 泉一般流量 8~15 L/s,最大流量 78.184 L/s。煤矿生产坑道、采煤老窑亦为地下水的主要排泄通道。煤洞(MKD001)2005.5.4—5.5 日暴雨时发生突水,涌水流量达 412.5 L/s,地下水来源为川洞湾—灰河暗河地下水,通过导水通道 P_2m^{4+5} 张开裂隙而发生突水事故。水质类型属重碳酸硫酸钙型水。地下水类型为岩溶溶蚀裂隙水。远离含矿层,对矿层无影响,运输巷道如果通过该层时应注意采煤老窑的突水等水文地质问题。底部为 3~5 m 的炭质页岩、黏土岩、铝土岩,起相对隔水作用。因远离含矿层,对矿层无影响,为矿床间接充水含水层。

2）透水层

第四系（Q）：残坡积物、冲积物及崩塌堆积物，厚 0～156.56 m，分布于各陡崖之下的斜坡地带、沟谷沿岸、平台及广大开阔地带，为亚黏土、亚砂土及灰岩、硅质岩、砂页岩、块石、砾卵石等。覆盖于各地层之上，底部或低洼处，含孔隙水，在地形有利处与基岩接触面有季节性泉点出露，受大气降雨控制，季节变化明显。顺陡崖一带由于地形较陡，厚度变薄（灰河沟 ZK4806～ZK5003 钻孔一带厚度大，深部含水，为含水层），为透水弱含水层。

3）相对隔水层

二叠系中统茅口组第二段（P_2m^2）：岩性为薄～中厚层状钙滑石质页岩与中厚层状粉屑生物微晶灰岩互层，见黑色滑石团块顺层分布，厚 36.39～59.01 m，分布于矿区中部，出露高程 855～1 835 m。主要分布于二级陡崖之下，构成缓倾斜台地。地下水露头较少，最大流量 0.123 L/s。钻孔岩心裂隙不发育，钻孔遇裂隙率 1.61%，局部见晶洞和溶蚀现象，无地表岩溶发育。钙滑石质页岩占该层厚度的 55%～60%，因此，茅口组第二段（P_2m^2）地层起相对隔水作用，为相对隔水层。

二叠系下统梁山组（P_1l）：相对隔水层，岩性为黑色炭质水云母页岩、铝土矿、黏土岩及铝土岩，夹薄层状、透镜状煤线，为含矿岩系，厚 4.18～13.72 m，分布高程 1 350～1 400 m，致密状铝土矿、铝土岩节理发育，黑色炭质水云母页岩为矿层直接顶板，厚度薄，易风化、垮塌，起不到隔水作用。

下伏石炭系中统黄龙组（C_2h）：灰、灰白及紫红色结晶灰岩，砾状、角砾状碎裂灰岩；为一套浅海相碳酸盐岩建造残留体，厚 0.0～7.98 m，无水文地质意义。

4）隔水层

志留系下统韩家店组（S_1h）：隔水层，岩性为粉砂质水云母页岩，为含矿岩系直接底板（或老底），出露连续，厚度大于 150 m，出露于矿体南侧边缘，多被第四系覆盖，构成矿区边缘斜坡地貌，该层厚度大，且稳定，为区域隔水层。

6.2.2 岩溶、裂隙发育状况

区域的岩溶发育与地层岩性之间存在紧密的联系,通过钻孔揭示了岩石内部的溶洞和裂隙,结合地表调查结果,茅口组灰岩钻孔深部裂隙率为29.27%,地面岩溶率为47.06%,栖霞组灰岩钻孔深部岩溶率为17.6%,地面岩溶率为41.17%。

岩溶形态的分布与构造的关系也较密切。矿段位于长坝向斜扬起端,构造简单,根据钻孔揭露岩溶、裂隙情况及地表调查,落水洞占29.41%,溶洞占41.18%,溶蚀洼地占29.41%,以溶洞为主。总的说来,岩溶现象主要发育在茅口组三、四、五段灰岩中,探矿钻孔钻进过程中多有掉钻现象。

溶发育下限受下伏梁山组、韩家店组非可溶岩控制。垂直分带规律明显,按其标高的差异性岩溶垂直分带大体可为三带:标高1 000～1 150 m 为第一带;标高750～900 m 为第二带;标高495～667 m 为第三带。水文地质测绘发现灰河(ZK6011)一带地表出露卵石夹粉质黏土,高程1 075 m,根据区域构造特征,1 000～1 150 m 高程为古夷平面,与岩溶分带的第一带吻合,为垂直渗透带。该带及其以上的岩溶形态既有水平溶洞(出露于陡崖)也有落水洞发育。第二带岩溶形态主要是钻孔遇到的竖直状岩溶形态及地表的水平溶洞,为季节变化带。第三带主要为灰河暗河管道发育带,为水平循环带。

岩溶一般沿走向0N～20°E 的一组张性节理发育,经动力、淋滤、溶蚀等作用而形成,分布于吴家湾大矸坝逆断层沿线及川洞湾一带,崖口附近水平溶洞较多。一般溶蚀洼地中均无地下水,个别见滴水现象。根据钻探施工情况及地表水文地质测绘分析,发现了川洞湾落水洞为暗河进口,即推测川洞湾—灰河暗河。

川洞湾—灰河暗河:根据钻孔揭露发现矿区隐伏岩溶极其发育,且形成岩溶管道(暗河),其走向为:沿R104—ZK2109—ZK5212—ZK4019—ZK3626 走向一线,位于P_2m^{3+4+5}灰岩地层中。该暗河进口地表水最大进水量为(2004 年长观资料)15 265.15 m³/d。暗河管道在暴雨时为有压管道,在遇裂隙、断层破碎带(地下水通道)时极易造成突(涌)水事故。例如,大土煤矿矿坑(MKD001)于2005 年 5 月 6 日、15 日两次发生突水(涌砂)事故,就是坑道开挖时通过张性裂隙通道突水(涌砂)。

该暗河管道离矿层较远,对矿坑充水无较大影响,附近及临近处都未发现暗河出口,说明该暗河出口较远,根据分析判断,该出口应位于武隆百马—羊角一带 P_2m^{3+4+5} 灰岩地层中。

6.2.3 地下水的补径排条件

矿区位于大气降水的补给区域,大部分降水会沿灰河沟、牧羊沟、龙田沟等水道集中流入大洞河与乌江。同时,部分降水通过地表的不同地形如溶蚀洼地、落水洞、漏斗等渗入地下形成地下水。

由于隔水层的影响,矿区地下水并不会形成一个统一的地下水面,而是分散在各个含水系统中互相独立存在。上部透水层中的地下水会通过竖向裂隙向下渗透,当遇到隔水层或相对隔水层时,它们会通过横向裂隙或管道径流流动。当地层低洼处出现河谷或冲沟时,地下水也会以岩溶大泉(如 W110、W103、W152)或者暗河的形式排泄出来。由于地下水径流途径较短,流速比较快,因此不太容易被储藏。

二叠系龙潭组(P_3l)底部为 3~5 m 黑色炭质页岩及浅灰色、灰白色黏土质页岩、铝土岩,夹薄煤层,常含有菱铁矿结核及黄铁矿结核。中部为深灰色粉砂质页岩夹薄层粉砂岩,顶部为浅灰、浅黄灰色粉砂质页岩、泥质粉砂岩,起相对隔水作用。因此,二叠系龙潭组(P_3l)及其以上地层为一个独立的含水系统,因远离含矿层,对矿坑涌水基本无影响。

二叠系中统茅口组三、四、五段(P_2m^{3+4+5})含水系统:接受大气降水补给后,地下水集中于推测暗河管道(川洞湾~灰河暗河)运动,由于下伏地层(P_2m^2)为相对隔水层,在这一地层中,下部的岩石主要由灰黑色的钙滑石质页岩夹杂着深灰色的薄至中厚层状的粉屑生物微晶灰岩组成;而上部则是深灰色的薄至中厚层状的粉屑生物微晶灰岩和灰黑色的钙滑石质页岩相互交替分布。因此,该含水系统可能有局部地带通过溶蚀裂隙或构造裂隙补给下伏含水系统。

二叠系中统栖霞组及茅口组一段($P_2q + P_2m^1$)含水系统:该系统的地下水主要来源于大气降水的补给,可能有局部地带通过溶蚀裂隙或构造裂隙接受上覆二叠系中统茅口组三、四、五段(P_2m^{3+4+5})含水系统的补给。

6.2.4　地下水动态特征

区内出露地下水点较少,但流量较大(表6.6)。

表 6.6　地下水动态观测统计表

站编号	层位	观测起止日期	最大流量 /($L \cdot s^{-1}$)	最小流量 /($L \cdot s^{-1}$)	动态不稳定系数	备注
W102	Q	2004.1—2005.1	115.67	1.003	115.32	川洞湾
W103	P_2q^2	2004.1—2005.1	61.012	0.17	358.89	川洞湾
W109	Q	2004.1—2005.1	2 899.6	11.25	257.74	灰河
W110	P_3l	2004.1—2005.1	39.02	3.828	10.19	灰河
W152	Q	2004.10—2005.1	1 957.5	162.11	12.08	灰河

根据5个站点的动态观测资料,地下水受降水补给极为明显,多数泉最大流量为6月,次为5、7两月,最小流量为12月—次年2月。地形切割深度大,形成特殊的地貌单元。由于隔水层的阻隔,地下水无法形成统一的水面,导致不同的水系统相对孤立。只有在局部地段,裂隙上部含水系统才会对下部含水系统进行补给,而不同水系统的地下水出露点分布于不同高程。在矿区中,水质类型多为重碳酸钙型或钙镁型水。

综上,矿区中的地表和地下水主要依赖于雨水的补充,并随着季节的变化而表现出明显的动态变化,不太稳定。

6.2.5　坑道水文地质特征

2004 年施工两条探矿坑道（PD3、PD5），探矿深度 PD3：502 m，PD5：307.65 m，施工期间坑道内较干燥，少量滴水现象，只是在 PD3 揭穿含矿层见 P_2q^1 灰岩后，遇股状裂隙水（流量 0.053 L/s），坑道水文地质条件简单。

6.2.6　矿坑涌水量计算

1）矿床充水因素

铝土矿层与其顶底板含（隔）水层的关系如图 6.2 所示。

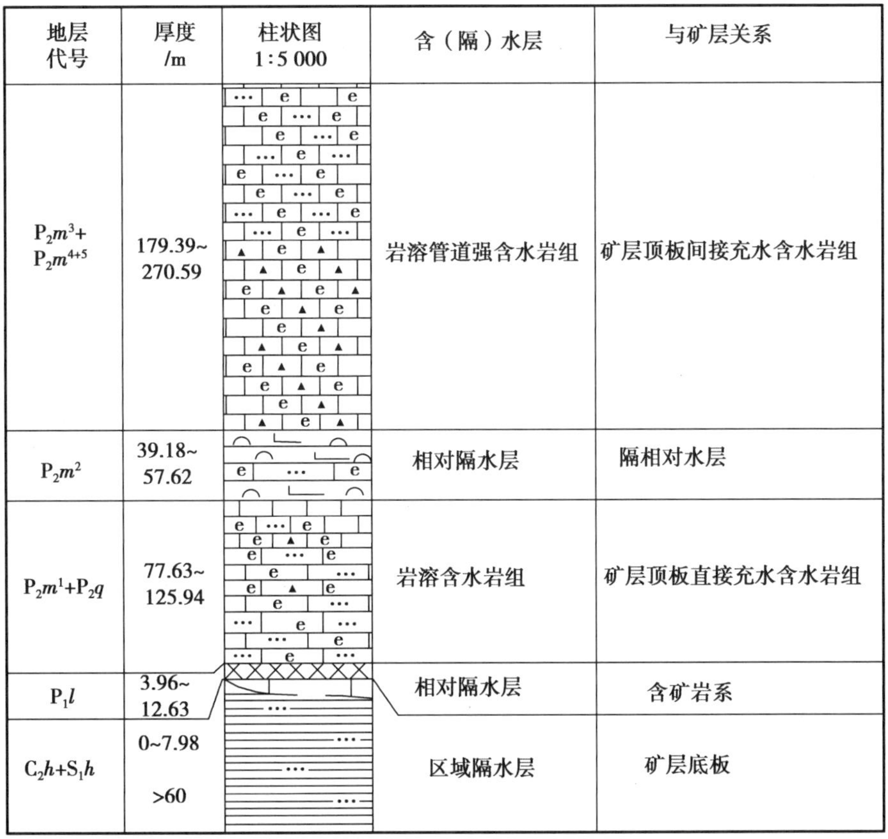

地层代号	厚度/m	柱状图 1:5 000	含（隔）水层	与矿层关系
P_2m^3+ P_2m^{4+5}	179.39~ 270.59		岩溶管道强含水岩组	矿层顶板间接充水含水岩组
P_2m^2	39.18~ 57.62		相对隔水层	隔相对水层
P_2m^1+P_2q	77.63~ 125.94		岩溶含水岩组	矿层顶板直接充水含水岩组
P_1l	3.96~ 12.63		相对隔水层	含矿岩系
C_2h+S_1h	0~7.98 >60		区域隔水层	矿层底板

图 6.2　矿层与顶底板关系图

（1）充水水源

从图 6.2 中可以看出，铝土矿层底板为隔水层，不存在矿床底板充水问题。直接充水含水岩组为栖霞组+茅口组（$P_2q+P_2m^1$）岩溶含水岩组。季节性冲沟有灰河沟、川洞湾沟及川洞湾废弃水库，均为地表水、地下水的排泄通道。灰河沟通过区内的地表水经 W109、W152 的长观资料可以看出，该段为地下水补给地表水，地表水对矿床充水无较大影响。矿坑充水水源为栖霞组+茅口组（$P_2q+P_2m^1$）岩溶水，受大气降水直接补给。

（2）冒落裂隙

由于矿区顶板岩石为栖霞组（P_2q）的灰岩，岩石单轴饱和极限抗压强度高（27.07 MPa）。依据《矿区水文地质工程地质勘探规范》（GB/T 12719—2021）及矿区岩石特征，选择冒落带，导水裂隙带最大高度及保护层厚度的计算公式为：

$$H_{冒} = (4 \sim 5)M$$

$$H_{裂} = 100M / (2.4n + 2.1) + 11.2$$

式中　M——铝土矿层厚度，m。本矿层平均厚度 1.92 m，最大厚度为 6.0 m。

　　　n——铝土矿层的层数。本矿区为 1 个矿层。

计算得冒落带 $H_{冒}$ 为 7.68 ~ 30.0 m，导水裂隙带 $H_{裂}$ 为 48.2 ~ 144.53 m。

（3）充水途径

铝土矿直接顶板为梁山组（P_1l）铝土岩、炭质页岩，厚度 2.34 m，变化较稳定，有一定的隔水作用，但个别钻孔揭露无铝土岩、炭质页岩，矿层直接与老顶（灰岩）接触；通过探矿坑道的水文地质工程地质编录，稳定性较差。通过冒落带及导水裂隙带计算矿层的直接顶板极易产生冒落；矿区施工钻孔均揭穿含水层，部分钻孔封闭不良。因此，直接充水含水层的地下水对矿床充水的主要途径为：

①通过不稳定的顶板冒落裂隙、构造（包括隐伏断层破碎带）裂隙进入矿坑；

②因钻孔封闭不良,地下水可通过钻孔进入矿坑;

③通过隐伏溶洞、溶蚀裂隙进入矿坑。

2)计算结果

矿区位于地表水分水岭,为裸露型岩溶区,地下水动态受大气降水影响。矿床充水含水层主要顶板直接充水栖霞组+茅口组($P_2q+P_2m^1$)岩溶含水岩组,无侧向补给。上述特征难以用地下水动力学的基本原理进行描述,采用与之相适应的相关分析法、水均衡法及"大井"法更能反映矿坑充水条件。

根据矿区水文地质条件,涌水量按多种方法进行了计算,计算结果见统计表 6.7。由于大气降水入渗法计算时把渗入地下的降水全部视为涌入矿坑,计算结果偏大。相关分析法计算时,仅选择了几个相关性较好的资料进行计算,计算结果偏小。"大井"法计算时,比较真实地反映了矿床充水条件,经相关分析法、"大井"法、大气降水入渗法计算方法、计算条件比较,矿坑涌水量建议:正常涌水量用大气降水入渗法计算结果,最大涌水量用"大井"法计算结果,即正常 9 009.81 m^3/d,最大 50 251.99 m^3/d。

表 6.7　矿坑涌水量计算结果统计表

计算方法	计算成果分类/($m^3 \cdot d^{-1}$)	计算结果
大气降水入渗法	正常涌水量	9 009.81
	最大涌水量	307 460.1
相关分析法	正常涌水量	513.66
"大井"法	最大涌水量	50 251.99

6.2.7　主要水文地质问题

主要水文地质问题如下:

①由于矿层顶部过于薄弱,其隔离水的功能不佳,因此一旦采空面积扩大,就会直接危及顶板的稳定性,导致其垮塌并使水进入采空区。

②在顶板岩溶含水层中设计巷道时,可能会遭遇溶洞、暗河通道等障碍物,并导致突发的泥沙涌入或水流涌入。

③如果钻孔不能被有效封闭,当施工进行时,顶板的岩溶层就可能被不断地凿穿,导致多个水系互相连接,而地下水则会顺着钻孔流入隧道内,从而引发突然涌水的情况。

④矿山系统的建立,将进一步降低矿区地下水位,大面积疏干地下水,从而引起地表水源短缺,人畜饮水困难,田地荒芜。

⑤随着开采水平的降低,特别是最低侵蚀基准面(+500)以下的矿坑涌水量应根据开采过程中的监测变化进行调整。

6.3 供水水源及水质评价

6.3.1 供水水源

矿区地下水受岩溶发育不均匀性的影响,其出露分布不均。地下水点出露较少,但流量较大。其分布主要位于吴家湾—乐村、川洞湾、灰河,从分布高程看,主要在 900 ~ 1 100 m、600 ~ 700 m(表6.8)。

表6.8　水源地动态观测统计表

水源地名称	最大流量/(L·s^{-1})	最小流量/(L·s^{-1})	平均流量/(L·s^{-1})
W108、R102	182.58	0.2	39.51
灰河 W110	39.02	3.828	16.46
W109 灰河沟地表水	2 899.6	11.25	432.41
W129(W102)、W103	176.68	1.17	27.7

6.3.2 水质评价

根据水质化学分析及卫生分析,水质类型为重碳酸钙型水,矿化度低,水质指标符合国家《生活饮用水卫生标准》（GB 5749—2022）的，均可作为矿山生产生活用水。

6.4　工程地质、环境地质

6.4.1　工程地质

1）岩体工程地质岩组

出露地层、岩性主要为志留系下统韩家店组粉砂质页岩，二叠系下统梁山组炭质页岩、铝土岩、铝土矿、黏土岩，栖霞组、茅口组灰岩，局部见有石炭系中统黄龙组灰岩。岩体走向从东向西由北东东—南西西渐转为南南西—北北东，倾向北北西—南东东，岩体总体上呈单斜产出。

依据区内岩性条件，矿区属于坚硬岩石工程地质岩类。针对主要岩石类型如碳酸盐岩，其力学性能表现为：天然抗压强度为 31.47 MPa，饱和抗压强度为 24.26 MPa，软化系数高于 0.75，抗剪强度为 6.25 MPa，斜率 φ 值为 1.0～1.01。涉及含矿岩系时，其主要力学性能则表现为：天然抗压强度为 3.07～20.07 MPa，饱和抗压强度在 1.67～14.73 MPa，软化系数小于 0.75，抗剪强度则为 0.61～4.12 MPa，对应的斜率 φ 值为 0.52～0.78。由此可知，含矿岩系的力学强度显著降低。

根据该区域内出露的地层和岩石类型，将矿区的岩体工程地质岩组分为硬质和软质两大类，然后根据岩石的物理特性进一步将其分为稳固型、不稳固型和较稳固型三个工程地质岩组。

2）矿层顶底板的稳定性

铝土矿位于栖霞组和茅口组巨厚层灰岩之下，呈假整合起伏于韩家店组粉砂质页岩或黄龙灰岩之上。矿体老顶一般厚度为 59.69～109.23 m，平均厚度为77.89 m,是一套栖霞组灰岩,岩石较坚固。矿体老底为粉砂质页岩和灰岩,分别属于志留系下统韩家店组和石炭系黄龙组。铝土矿层的顶板由铝土岩和炭质页岩组成,平均厚度为2.34~2.78 m,底板由铝土岩和黏土岩组成,厚度为2.47~5.93 m。该矿层分布稳定,岩芯多呈碎块状、块状或局部为短柱状,且多以层间裂隙断开。在掘进矿井坑道时,顶板多需要支护,裂隙比例较大,约占掘进段总长的45%,主要为三组裂隙。岩体多被裂隙分割成块体。随着开采深度的增加,岩石的压应力也增大,加上顶板炭质页岩的抗压强度较小,因此,当上覆有较厚的稳固型灰岩时,矿床顶板的炭质页岩就容易发生崩塌,从而导致帽顶现象的出现。如在铝土矿开采时,预留1 m左右的保护层,不开采,根据南川娄家山铝土矿床开采实况,可基本保证上覆炭质页岩不崩塌,而起一定的隔水作用。同时要特别注意开采中的排水问题,保证排水通畅。如采坑积水,邦壁及底板长期浸泡,矿体底板水云母高岭石黏土岩和绿泥石黏土岩将出现"片邦"和"地臌",造成影响。

3)稳定因素分析

(1)岩石特性的影响

根据岩石物理力学试验的结果,可以得出铝土矿顶底板的岩石强度较低,呈现出软质岩的特性,顶板的软化破碎更为明显,其软化系数为0.54~0.65,而底板的软化系数则为0.72~0.73。另外,老顶是由灰岩组成的,岩石强度大,稳定性良好。

(2)构造的影响

吴家湾位于吴家湾背斜倾伏端与大矸坝断层之间,次生断裂发育,构造的影响极大,钻孔揭露岩芯破碎;川洞湾—灰河—大佛岩矿段位于长坝向斜扬起端,根据钻孔揭露,发育有隐伏断裂,并据探矿坑道的水文地质工程地质编录,含矿岩系内部的小型结构较为发达,存在许多裂隙,并且在进行钻探时岩芯易碎,表现为碎块状或块状。

（3）岩体结构的影响

构造结构面是岩体结构的主要决定因素,使得岩体的顶底板产生微型裂隙和断层,导致岩体的破碎成块状,同时受到层间裂隙的影响,出现不同形状的分离体,从而使得岩石质量下降。

（4）水文地质条件的影响

矿体底板由黏土岩和粉砂页岩组成,水文地质条件简单,不会出现地下水问题。矿石顶板为铝土岩、炭质页岩,吴家湾断裂构造发育,有正断层、逆断层穿过,顶板破坏严重,在顶板直接充水含水层中,地下水活动频繁。最大导水裂隙带达144.53 m,充填或半充填的岩溶洞穴、溶蚀裂隙经地下水作用,携带一定量的泥水混合物,经矿石顶板薄弱处、隐伏构造破碎带、隔水层天窗或裂隙发育带涌入坑道。局部裂隙发育处,地下水将呈股状或脉状涌入矿坑,并可带动顶板破碎岩体松动,造成"片帮"和塌落。

4）主要工程地质问题

（1）岩溶工程地质问题

矿区主要位于碳酸盐岩分布区,其地表和地下存在着岩溶现象。因此,在矿山采掘过程中,各个巷道将面临不同程度的工程地质问题,这些问题都与岩溶现象密切相关。

①坑道塌陷:在矿山建设中,建造的隧道将不可避免地穿过灰岩地区,这可能会导致一些问题,比如遇到掉落的水洞和漏斗,岩石溶蚀比较严重的地区,隧道的顶部可能会意外地塌陷或掉块。

②坑道涌水:当铝土矿层顶板发生坍塌、直接揭露含水层时,岩溶水可能通过裂隙进入坑道,进水形式可能是沿裂隙呈股状、脉状或浸润状,此时可能发生突水事故。此外,当坑道揭穿溶洞或管道时,泥水混合物也可能涌入,造成突水事故。对于未封闭或封闭不良的钻孔,也可能会造成突水事故。

③地面塌陷:第四系分布不均,覆盖较薄,基岩为碳酸盐岩,地表和地下岩溶的发育对建筑物的稳定性造成了影响。同时,由于矿坑排水不畅,充填的岩溶洞穴会产生土洞,导致地基坍塌或非均匀沉降。

（2）斜坡及危岩

矿区中部、南部和西部的地表斜坡坡度介于 40°～80°，而中部和南部地区的陡峭斜坡则是由矿层露头线上方的覆岩栖霞组和茅口组灰岩形成。这些陡峭斜坡周围的裂隙和微小的断层比较常见，因此，形成了一些岩体危险性较大的区域。尽管这些危险区域在自然状态下是比较稳定的，但是在采矿过程中，它们容易受到破坏而失稳。此外，在矿山建设过程中，会涉及大量的人工边坡开挖。但是，由于地层的坡度比较陡峭，而且层间裂隙比较发达，因此，在边坡的开挖过程中，有可能会导致岩层沿层间构造滑落的情况。此外，在一些坡度较大且堆积地层为第四系和矿渣的区域，则容易发生滑坡。

6.4.2 环境地质

1）地震及新构造活动特征

矿区内新构造运动的特点是大面积、大幅度上升，河流级级下切，溯源侵蚀加强，分水岭逐渐被破坏，河流出现"裂点"。龙骨溪背斜以东，抬升作用明显较西部强烈，多呈深山峡谷，谷地标高极低；西部抬升作用明显减弱，河流下切转微，堆积有相应的阶地；北部明显较南部抬升作用强，分水岭多靠近北部，支流水系多从北西流向南东，造成分水岭北部支流短，流量小，独自汇入乌江，而南部支流长，流量大，汇集后注入乌江，出现不对称的分水岭。

由于新构造作用的不均匀性，多处河流出现袭夺现象，其特点是地表水的袭夺作用往往通过地下岩溶通道进行，地表水流通过岩溶通道及地表河谷，共同泄水。暗河不但袭夺了地表水系，而且同样袭夺了地下水系，造成了某些沟谷中地下水缺乏，而相邻沟谷中地下水极为丰富的现象。记录中未见有明显的地震活动痕迹，地震活动微弱，一直处于稳定的地台环境，根据中国地震局发布的《中国地震动参数区划图》（GB 18306—2015），该区地震基本烈度为Ⅵ度，地震动峰值加速度 0.05g，地震动反应谱特征周期 0.35 s。

2）水化学背景

根据地下水、地表水水质分析成果可以看出,地表水及地下水质均较佳,但局部地表水受煤矿影响有一定污染。矿区前些年煤矿较多,堆放煤矿渣经降雨的淋滤,导致地表水中硫、铁超标,地表水呈酸性。ZK10002 钻孔施工揭穿 F10 断层时孔内地下水突然涌出孔口,并伴有臭鸡蛋味。经水质分析,硫化氢含量较高。

3）地质环境质量及防治建议

矿区内植被发育,地表水及地下水质均较佳,矿石放射性强度及其他有害物质组分含量甚微,对人畜基本无害。矿区内工业不发达,环境污染较轻,除邻近小煤窑倾倒的废荒渣对局部环境有所轻微污染外,未见有其他工业废弃物引起的环境污染。不良地质现象主要为陡崖边缘卸荷裂隙引起的岩体崩塌、错落。

矿区范围内除北部为顺层坡外,东、南、西三方均为陡崖(坡),卸荷裂隙发育,上覆岩体崩塌、错落现象时有发生。矿层顺倾斜的上方沿东、南、西三方出露,东部被牧羊沟切割,中部被龙田沟、灰河沟切割,大气降雨多在地表汇集于龙田沟、灰河沟、牧羊沟中排走,地下水、地表水均贫乏。对此,提出以下防治建议:

①噪声控制:噪声主要来自机械设备,建议对固定设备安装消声器及甘蔗板等吸声材料进行消声处理,对移动式设备安装消声器材。

②尾矿渣处理:开拓井巷掘进,采矿初期产生的尾矿渣,建议作堆放处理,在各井口下方的斜坡上修挡阻墙,当堆放到一定的高度后,在堆场表面种植花、草、树木进行植被恢复;矿山生产过程中产生的尾矿渣则作回填采空区处理。

③为避免水位下降,泉水干枯造成粮田无水灌溉,建议沿矿层走向选择矿体薄化,贫化带预留 20 m 禁止采矿,作为隔水挡阻墙。

④矿层露头线东、南、西三方周边近地表一侧的 50～100 m 范围内禁止采矿,留做矿床周边保安柱,以防矿床近露头周边采空,导致上覆岩体失稳,崩塌下滑。

6.5 开采技术条件小结

开采技术条件总结如下。

①水文地质工程地质条件复杂程度为中等复杂程度。地下水的补给来源为大气降水,为顶板直接充水的溶蚀裂隙岩溶充水矿床。直接充水含水岩组为二叠系中统栖霞组+茅口组($P_2q+P_2m^1$)岩溶灰岩含水岩组。二叠系中统茅口组三、四、五段(P_2m^{3+4+5})岩溶含水岩组为间接充水含水岩组。

②构造简单,位于大矸坝逆冲断层东侧,长坝向斜扬起端。

③水文地质问题:矿层顶板太薄,无法有效地隔离水流,采空区增大会导致顶板失稳,从而使顶板崩塌并且水流进入。在岩溶含水层中建造的巷道可能会遇到暗河、溶洞和古溶洞,从而发生瞬间的泥沙涌入或者水涌入。所有的钻孔都必须穿过含水层的岩石,如果遇到地下隐伏的断层破碎带,很可能会导致不同的水系统相互穿过钻孔和隐伏断层破碎带,水会涌入坑道,引起突水。另外,在矿区建设和采矿的过程中,大量地下水将被抽走,地下水位将进一步下降,导致地表水源短缺,人们的饮水和农业用水都将受到影响。

④直接充水岩溶溶蚀裂隙含水层的富水性一般,富水性不均,沟谷低洼处富水性强于山梁坡地处。矿层大部分位于地下水位以下,且部分位于当地侵蚀基准面以下。

⑤工程地质环境地质条件简单。主要工程地质问题为岩溶工程地质问题、斜坡及危岩工程地质问题。主要环境地质问题为尾矿渣堆放引起的水污染及矿山开采加剧斜坡(危岩)变形失稳。

第 7 章　国内政策及供需分析

7.1　铝产业各领域应用

地壳中最丰富的金属元素是铝,在人类的生产和消费中,铁是消耗量最大的金属,其次便是铝。铝土矿是工业上能利用,以三水铝石或一水铝石为主要矿物组合的含铝矿石的统称,一般 Al_2O_3 含量为 40% ~75%,常呈致密块状、豆状、鲕状等集合体,常具棕色斑点。

铝土矿的主要应用是生产金属铝。在世界范围内,超过 90% 的铝土矿被用于生产金属铝。铝土矿的应用领域主要有金属和非金属两个领域,其中金属应用领域占铝土矿总产量的 90% 以上,非金属领域应用虽然用量较小,但在造纸、净化水、陶瓷、石油精炼等方面起着重要作用,氧化铝还可作为催化剂用于化学、炼油、制药行业。此外,由于铝及其化合物拥有出色的物理和化学性质,铝还可用于染料、橡胶、医药、石油等有机合成应用,并作为高级砂轮、抛光粉等研磨材料、工业耐火材料的主要原料,还被广泛应用于电力、建筑、包装、机械制造、航天等多个领域。

铝产品产业链的上游为铝土矿,铝土矿通过化学反应制作成氢氧化铝。中游为电解铝,由氢氧化铝通过化学反应制成,是铝产品的主要贸易品种,铝产业链的下游为铝合金锭、铝材等,上述材料被广泛应用于汽车工业和建筑行业,具体情况如图 7.1 所示。

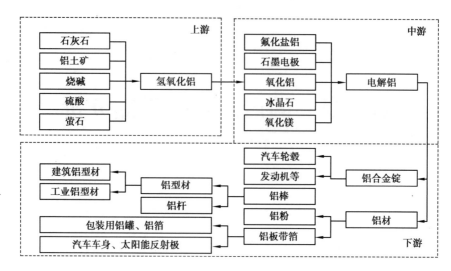

图 7.1　铝产业链示意图

铝土矿矿石质量通常从以下 3 个角度进行评估：一是铝硅比，是指在同等质量下铝土矿矿石中含有的三氧化二铝与二氧化硅的质量比值，用 A/S 值表示，值越大越好；二是三氧化二铝含量，高品位矿石有益于生产铝产品；三是溶出难易度，铝土矿石内三水铝石型的氧化铝最容易被苛性碱溶液溶出，其次是一水软铝石，最后是一水硬铝石。

7.2　产业政策分析

7.2.1　美国"关键矿物"政策

1）美国对"关键矿物"的定义

美国《2020 年能源法案》将"关键矿物"定义为，对美国经济或国家安全至关重要；其供应链容易受到干扰或影响；在产品制造中发挥重要作用，如果没有，将对经济或国家安全造成重大影响的矿物。同时，该法所指的"关键矿物"不包括燃料矿物；水、冰或雪；或常见品种的沙子、砾石、石头、浮石、煤渣和黏土。美国地质调查局的相关文件指出,未列入清单的矿物并非不重要,而是因为该清单草案所评估的是符合《2020 年能源法案》关于"关键矿物"定义的矿物产品。例如,该清单草案未对"铀"进行评估,并不能说明"铀"不重要,而是因为《2020 年能源法案》明确将"燃料矿物"排除在"关键矿物"的定义之外。

2）美国关键矿物清单的评估标准

《2021 年关键矿物清单草案》是基于美国地质调查局牵头,由白宫科技政策办公室国家科学技术委员会（NSTC）关键矿物小组委员会协调的跨部门机构多年来开发的方法论而进行的评估。具体而言,美国将关键矿物纳入清单草案的评估标准主要为 3 项:一是有足够数据的情况下进行定量评估（进口依赖度、生产集中度、供应意愿等）;二是对供应链是否存在单点故障的半定量评估;三是当其他评估不可能时进行定性评价。

3）美国最新"关键矿物"清单

2022 年,美国地质调查局发布了一份最新的关键矿物的清单草案,共涉及关键矿物 50 种,包括铝、锑、砷、重晶石、铍、铋、铈、铯、铬、钴、镝、铒、铕、萤石、钆、镓、锗、石墨、铪、钬、铟、铱、镧、锂、镥、镁、锰、镍、钕、铌、钯、铂、镨、铑、铷、钌、钐、钪、钽、碲、铽、铥、锡、钛、钨、钒、镱、钇、锌和锆。每隔三年修改并发布一次关键矿物清单只是美国诸多有关关键矿物战略政策中的重要一环。美国2023 年新的关键矿物清单草案只增加了镍（主要用于制造不锈钢、高温合金和可充电电池）和锌（主要用于生产镀锌钢）,删除了氦、钾、铼和锶。随着清洁能源转型的加速,世界主要经济和技术强国越来越关注为其提供动力所需的关键矿物。中国在许多关键矿产中占据主导地位,其中稀土矿物占世界出口的70%。美国商务部报告显示,美国于 2018 年公布的 35 种关键矿物清单中,有31 种依赖进口,14 种完全依赖进口,其中 19 种矿物的最大生产国是中国,13 种矿物的最大供应国是中国。

4）美国"关键矿物"政策

美国认为,关键矿产是指在第四次工业革命中不可或缺的元素矿产,控制了这些关键矿产,才能在第四次科技革命中占据主导优势。很明显,美国已经不再仅仅关注核心技术,还关注核心的原材料。美国方面指出,关键矿产是未来竞争的关键,一旦失去关键矿产的主导地位,遭遇供应中断,那么相应的高科技产业将受到致命冲击,甚至比芯片中断造成的冲击还要大。美国认为在第四次科技革命开始启动,各国都在争夺制高点和领先优势的关键时刻,掌控矿产的主导权就显得至关重要。

为削弱对稀土、钢铁、新能源电池等的进口依赖,美国有计划地联合日本、印度、澳大利亚、加拿大等构建关键矿物（主要是稀土）供应链,研发低成本、低放射性废料排放的稀土精炼技术,并起草相关国际规则。例如,2020 年 1 月,美国和加拿大宣布了关键矿物合作联合行动计划,旨在推进"保障重要制造业部门所需关键矿物供应链的共同利益,包括通信技术、航空航天和国防以及清洁技术";同年 7 月,美国国防部宣布拨款 3 000 万美元给澳大利亚稀土公司Lynas,用于在得克萨斯州建立重稀土精炼设施。

稀土、锂和钴等关键矿产对高科技设备的运行必不可少,这也是未来各国争夺的制高点。纽约大学环境研究和公共政策领域全球杰出教授索菲亚·卡兰扎科斯指出,中国在关键矿产领域拥有自己的优势,这是美国必须面对的问题。美国准备在国家层面推动锂、钴、镍、石墨、锰等关键矿产独立生产,减少对中国的依赖。

7.2.2 我国资源开发政策

2021 年,国家发展和改革委员会、财政部、自然资源部印发《推进资源型地区高质量发展"十四五"实施方案》,提出要"加强对战略性矿产资源调查评价、勘查和开发利用的统一规划,建立安全可靠的资源能源储备、供给和保障体系,提升资源能源供给体系对国内需求的适配性"。为此,应增强国内资源生产保障能力,加大勘查力度,实施新一轮找矿突破战略行动,提高海洋资源、矿产资源开发保护水平;明确重要能源资源国内生产自给的战略底线,发挥国有企业支撑托底作用,加快油气等资源先进开采技术开发应用;加强国家战略物资储备制度建设,在关键时刻发挥保底线的调节作用。

2016 年 11 月,国土资源部(现自然资源部)会同国家发展和改革委员会、工业和信息化部、财政部、环境保护部(现生态环境部)、商务部发布了《全国矿产资源规划(2016—2020 年)》,首次将 24 种矿产划入战略性矿产目录。在全国"十四五"矿产资源总体规划中,明确提出加强战略性矿产资源规划管控,以保障国家经济安全、国防安全和战略性新兴产业发展需求。战略性矿种包括对国民经济起支柱作用、影响国家经济安全的紧缺矿种,以及在国际上有战略地位的优势矿种。最新战略性矿产目录以 36 种矿产为主,分为能源矿产、金属矿产和非金属矿产三类。其中包括石油、天然气、铁、锰、铜、铝、金、锂等。

铝矿是全国 36 种战略性矿种之一,属于鼓励勘查、开发矿种,在国民经济建设中发挥着不可替代的重要作用。根据全国"十四五"矿规,在重庆地区部署了一个铝土矿国家规划矿区——南川大佛岩-川洞湾铝土矿国家规划矿区,两个铝土矿国家重点勘查区——黔江二坪-石家河铝土矿国家重点勘查区和南川九井-武隆鸭江铝土矿国家重点勘查区。

7.2.3 重庆市相关产业政策

根据国家战略性矿产目录,结合重庆矿产资源禀赋条件,重庆市已发现的战略性矿产包括:石油(凝析油)、天然气、页岩气、煤炭、煤层气、铁、铝、锰、萤石、镓、钾盐、铜、钼、钒、磷、铌、钽、金、锂、锗、锑、硼、铀,共计 23 种。其中,具体查明资源储量的战略性矿产包括:石油(凝析油)、天然气、页岩气、煤炭、铁、铝、锰、铜、镓、钼、钒、钾盐、萤石、磷,共计 14 种。在查明矿产资源中已开发利用的矿种包括:天然气、页岩气、煤炭、铁、铝、锰、萤石,共计 7 种;尚未开发利用的矿种包括:石油(凝析油)、铜、钼、钒、镓、钾盐、磷,共计 7 种。开发利用矿种中由自然资源部负责审批发证的矿种包括:天然气、页岩气,共计 2 种;重庆市规划和自然资源局负责审批发证的矿种包括:煤炭、铁、铝、萤石,共计 4 种;由区县规划自然资源局负责审批发证的矿种为锰矿,共计 1 种。

根据《重庆市矿产资源总体规划(2021—2025 年)》,重庆市划定了一个铝土矿战略性矿产资源保护区——南川菜竹坝-娄家山-柏梓山铝土矿资源保护区、两个铝土矿重点勘查区——南川九井-武隆鸭江铝土矿重点勘查区和黔江二坪-石家河铝土矿重点勘查区、两个铝土矿重点开采区——南川铝土矿重点开采区和黔江铝土矿重点开采区。

在重庆市国家先进制造业中心,材料工业、石油化工、战略性新兴产业蓬勃发展的背景下,铝土矿等矿产资源的需求量巨大。为更好地满足发展需求,《重庆市矿产资源总体规划(2021—2025 年)》提出要加大勘查开发优势矿产,特别是铝土矿、锶矿、毒重石和石灰岩等矿产的力度;同时还强调了开展难以利用的矿产科技攻关,以及落实全国矿产资源规划中确定的国家规划矿区的措施。

7.3 市场供需分析

7.3.1 矿床类型及分布

铁矿、铝土矿、铜矿、铅矿、锌矿、钾盐等大宗矿产资源对世界和中国经济发展具有举足轻重的作用,铝是全球第二大使用最广泛的金属,主要由铝土矿生产。铝土矿是在大气条件下由风化作用形成含有铝土矿矿物、富铝风化壳物质,经历一定时间海水掩埋、成岩作用形成原始铝土矿层,最后经地表抬升、地下水改造形成的。铝土矿床可分为红土型、沉积型和堆积型 3 种。

1) 红土型铝土矿及分布

红土型铝土矿是指由下伏硅酸盐岩石经过红土风化作用而形成的残余矿

床,是国际上最主要的铝工业原材料,其储量约占全球铝土矿总储量的 86%。全球范围内红土型铝土矿的形成常与全球变暖、大气中 CO_2 浓度增加、海洋缺氧事件、生物灭绝事件等相关。红土型铝土矿母岩主要为酸性、中性、碱性硅酸盐岩石,往往形成于地势平整的高地,与热带、亚热带气候条件下大陆尺度的夷平面关系密切。矿床规模大、层位稳定、分布范围广、品位高,矿石以三水铝石为主,含有少量的一水软铝石。矿体呈层状、斗篷状,其上常被土壤或红色、黄色含铁黏土所覆盖,其下常为富含高岭石、埃洛石的黏土层及半风化基岩。此类铝土矿具有矿石质量好、铝硅比高、埋藏浅、易于开采等优点,是铝工业的优质原料。红土型铝土矿广泛分布在南、北纬 0°~30° 的热带与亚热带地区,如非洲西部、南美洲北部、印度、东南亚及澳大利亚北部和西南部。中国的红土型铝土矿规模相对较小,主要分布在广西贵港、海南蓬莱等地。

非洲西部红土型铝土矿是世界铝土矿主要来源之一,这一地区蕴藏铝土矿较为丰富的国家包括几内亚、喀麦隆、加纳等。南美洲北部红土型铝土矿主要分布于巴西、圭亚那、苏里南和委内瑞拉,成矿时代为晚白垩世—新近纪,且以古近纪为主,成矿母岩类型多样,包括显生宙硅质碎屑沉积岩和前寒武纪火山岩、变质岩等。东南亚红土型铝土矿主要分布在越南和印尼。澳大利亚铝土矿资源主要集中分布在 3 个地区:昆士兰北部、西澳达令山脉及西澳北部。

2)沉积型铝土矿及分布

沉积型铝土矿的成矿过程与地貌喀斯特化密切相关,指发育在岩溶化的碳酸盐岩之上、经过沉积作用形成的铝土矿矿床,因此,也被称为碳酸盐岩岩溶型或喀斯特型铝土矿,根据产出的大地构造背景,被进一步划分为孤立台地喀斯特型铝土矿和内陆盆地喀斯特型铝土矿。全球范围内沉积型铝土矿主要分布在欧洲南部、加勒比海、亚洲北部等地区,含铝矿物以一水硬铝石和一水软铝石为主,储量约占全球总储量的 13%。

沉积型铝土矿产出在碳酸盐岩中,喀斯特地貌特征既为成矿物质迁移提供了有利的水力条件,又避免了铝土矿沉淀后遭受地表剥蚀。这类铝土矿空间分布与碳酸盐具有密切关系,但其母岩可以有多种类型,如泥岩、板岩、古老的镁铁质基底等。矿石以一水硬铝石型为主,其次为一水软铝石型,具有高铝、高硅、中低铝硅比等特征,品质较红土型铝土矿差。该类型高品位铝土矿多位于风化层下部,矿体呈透镜状或层状,向底部、边缘和上部逐渐过渡为低品位铝土矿或含铝土矿的黏土。沉积型铝土矿主要分布在欧洲南部、加勒比海地区以及亚洲的中国西南部和中部等。

欧洲南部地区,尤其是地中海国家如葡萄牙、西班牙、法国、匈牙利、克罗地亚、波黑和希腊等广泛发育沉积型铝土矿,构成了著名的地中海铝土矿带,其中以希腊储量最为丰富。这一地区的岩溶型铝土矿形成于中生代至早新生代,与欧洲和亚得里亚海中生代碳酸盐大陆架有关,是局部性或区域性不整合的标志。加勒比海地区已发现沉积型铝土矿的国家包括牙买加、海地、多米尼加、哥斯达黎加和古巴,其中牙买加铝土矿储量最为丰富。亚洲西部发育沉积型铝土矿主要分布在伊朗。中国的铝土矿资源92%以上为沉积型,根据时空分布特征可分为4种:

①贵州中部早石炭世铝土矿,赋存在下石炭统底部大塘组含矿岩系中,下伏岩层为寒武—奥陶系或志留系碳酸盐岩或砂页岩,矿石具有低铁低硫特征,矿床多为大中型;

②山西、河南、山东、河北、辽宁等省份广泛分布的晚石炭世铝土矿,赋存于上石炭统本溪组中下部的含矿岩系中,空间分布上与奥陶系或寒武系碳酸盐岩古侵蚀面具有密切关系,多为大中型矿床;

③四川、重庆、贵州、云南、湖南、湖北等省份的中二叠世铝土矿,赋存于二叠系梁山组含铝岩系中下部,与石炭系或寒武系碳酸盐岩侵蚀面具有密切关系,具有高铁或高硫特征,多为中小型矿床;

④广西、云南境内晚二叠世铝土矿,赋存于上二叠统吴家坪组或宣威组含矿岩系中下部,下伏岩层为下二叠统或石炭系灰岩、砂页岩以及上二叠统玄武岩等,多为小型矿床。

3）堆积型铝土矿

堆积型铝土矿也称为季赫温型,指直接覆盖在铝硅酸盐岩石剥蚀面之上的碎屑铝土矿矿床,储量仅约占全球总储量的1%,主要分布在俄罗斯和中国等地。

7.3.2　国际市场供需分析

1）世界铝土矿资源分布

据美国地质调查局2020年发布的矿产品摘要,世界铝土矿总资源量为550～750亿t,其中非洲176～240亿t、大洋洲127～172亿t、南美洲和加勒比海地区115～157亿t、亚洲99～135亿t、其他地区33～45亿t,所占比例大致为:非洲32%、大洋洲23%、南美洲和加勒比地区21%、亚洲18%、其他地区6%。从国别来看,世界铝土矿分布集中度较高,探明储量排名前10位的国家依次为几内亚(74亿t)、澳大利亚(58亿t)、越南(53亿t)、巴西(27亿t)、牙买加(20亿t)、印度尼西亚(12亿t)、中国(10亿t),占全球总量的79.4%(表7.1)。探明资源储约320亿t,按目前约3.5亿t/年的消耗速度,可供使用近100年。标普全球(S&P Global)市场财智-能源数据库数据显示,资源量排名前30位的铝土矿项目中,几内亚和澳大利亚占据主导地位,且单个项目资源量规模巨大,在世界铝土矿格局中占有举足轻重的作用。

红土型铝土矿品质较好,呈高铁、中铝、低硅,开采和选冶较简单,工业价值极高,南美洲、非洲西部、大洋洲、东南亚地区正是这类铝土矿,氧化铝平均含量可达45%～62%,A/S的比值为8～50。在碱法生产氧化铝中,铝硅比大于7,可使用流程简单、能耗低、产品质量好、成本低的拜耳法。沉积型和堆积型铝土矿品质较低,为中、低级的矿石,氧化铝平均含量在40%以下,A/S值为3～21。目前,工业生产氧化铝要求铝土矿的铝硅比不低于3.0～3.5。

表7.1　全球铝土矿储量分布统计表　　　　　单位:亿t

序　号	国　家	储量(矿石)	占比/%
1	几内亚	74	23.1
2	澳大利亚	58	18.1

续表

序 号	国家	储量(矿石)	占比/%
3	越南	53	16.6
4	巴西	27	8.4
5	牙买加	20	6.3
6	印度尼西亚	12	3.8
7	中国	10	3.1
8	其他	66	20.6
9	合计	320	100.0

数据来源:美国地质调查局

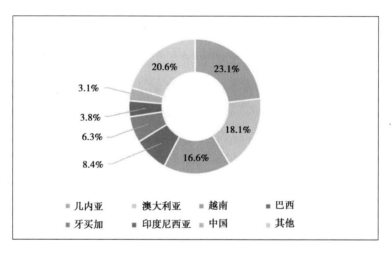

图 7.2　全球铝土矿储量地区分布

2）全球铝土矿产量

全球铝土矿的产量在2017—2020年间稳步增长,但在2021年和2022年连续两年下降(图7.3)。2021年7月,我国河南省被洪涝灾害困扰,导致多家氧化铝精炼厂停产半个月;同时,我国的环保政策也使得一些氧化铝精炼厂不得不减产或停产。由于我国是全球氧化铝生产的主要国家,这些精炼厂的减产直接导致了铝土矿的需求量减少,对全球铝土矿市场产生了影响。同时,由于各种原因,2021年巴西和牙买加的几家能够大量产出氧化铝的精炼厂出现了大幅度的减产,因此对铝土矿的需求也随之减少。这种需求的减少导致了全球铝土矿的产量下降。到 2022 年,全球铝土矿总产量下降至 38 000 万 t,与上一年相比减少了 400 万 t。氧化铝以及铝制品产量的减少,也导致了全球铝土矿的总产量下降。

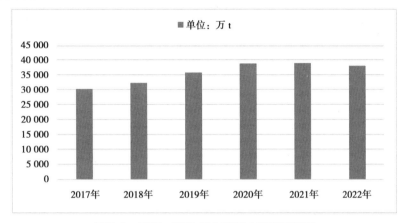

图 7.3　2017—2022 年全球铝土矿产量情况

数据来源:美国地质调查局

3) 全球铝土矿产量分布

据统计,2022 年全球铝土矿的生产量排名如下:澳大利亚产量最高,其产量为 1 亿 t,占全球 26.47%;中国铝土矿产量位列全球第二,2022 年生产量为 9 000 万 t,占全球 23.82%,仅次于澳大利亚;几内亚位列第三,2022 年生产量达 8 600 万 t,占全球 22.76%(图 7.4)。

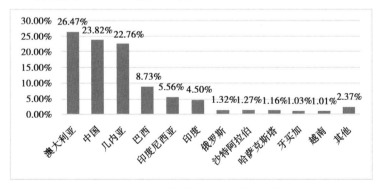

图 7.4　2022 年全球铝土矿产量分布情况

数据来源:美国地质调查局

7.3.3 国内市场供需分析

1）国内铝土矿分布及特点

我国铝土矿资源储量并不丰富且禀赋不佳。根据自然资源部发布的《2022年全国矿产资源储量统计表》公布的全国铝土矿储量数据,截至2022年底,中国铝土矿保有资源量为51.7亿t,储量为6.75亿t。按照储量估算,铝土矿静态开采年限仅为5.2年。我国铝土矿资源主体为沉积型铝土矿床,98%以上为一水硬铝石,属于高铝、高硅、低铁、难溶矿石,采用拜耳法、石灰拜尔法,以及混联法、串联法等选矿生产工艺,流程长且能耗高,而易于开采和易溶出的三水铝石仅占储量不足2%。并且,经过多年高强度的开采,高品位矿基本已消耗殆尽,如山西地区铝土矿的铝硅比已经降至4。华北地台、扬子地台、华南褶皱系及东南沿海4个成矿区都具有一定的铝土矿成矿条件,其中晋中—晋北、豫西—晋南、黔北—黔中3个成矿带成矿条件较好,桂西—滇东及川南—黔北等成矿带也有一定的远景,这些成矿区也是我国铝工业发展的主要资源集中地。我国铝土矿资源分布较为集中,具体来看,国内铝土矿资源主要分布在山西、河南、贵州、广西、重庆等地,占全国资源总量的95%以上(表7.2)。山西地区拥有大量铝土矿资源,截至2022年,其铝土矿保有资源量高达15.92亿t,占全国总储量的近三成。此外,河南、贵州等地区的铝土矿资源量也很丰富,均占据全国资源量的20%以上。

表7.2　全国行政区铝土矿资源量统计

序　号	省　份	保有资源量/万 t	占比/%
1	山西	159 168.32	30.8
2	河南	135 081.99	26.1
3	贵州	116 013.91	22.4
4	广西	66 394.93	12.8

续表

序　号	省　份	保有资源量/万 t	占比/%
5	重庆	14 319.38	2.80
6	其他	26 057.17	5.0
合　计		517 035.70	100.00

数据来源:《2022 年全国矿产资源储量统计表》

全国 92% 以上铝土矿床为沉积型,矿石以一水硬铝石为主,铝硅比偏低,在 4~6。红土型数量少,且在矿床中分布不连续,矿体薄,品位波动大。完全使用国内沉积型铝土矿生产氧化铝的能耗是使用国外优质铝土矿的 2 倍。因此,国内生产氧化铝主要依靠进口铝土矿来搭配国内矿石使用。

2）国内铝土矿产量

2019 年,受政策调整的影响,我国铝土矿的产量下降了 11.39%,降至 7 000 万 t。然而,随着我国经济的不断发展,市场对铝的需求量也迅速增加,因此铝土矿的需求也持续上升。加之进口依赖度不断增长,市场需求不断扩大,我国的铝土矿产量也出现了上升,到 2020 年,产量上升至 9 270 万 t。尽管 2021 年和 2022 年铝土矿的产量有所减少,但仍能维持在 9 000 万 t 左右(图 7.5)。我国铝土矿产量主要集中在广西、贵州、河南和山西,2022 年这 4 个省份的铝土矿产量占全国铝土矿总产量的 93.23%(图 7.6)。

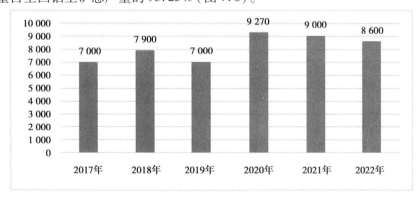

图 7.5　2017—2022 年我国铝土矿产量情况

数据来源:自然资源部

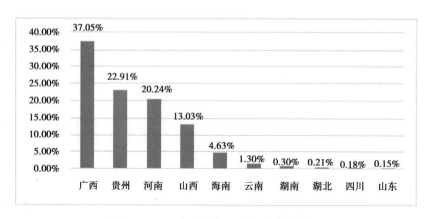

图 7.6　2022 年我国铝土矿产量分布情况

数据来源:自然资源部

除了 2021 年,我国铝土矿需求量在 2017—2022 年期间总体呈增长趋势,到 2022 年,需求量超过了 2.1 亿 t。然而,我国铝土矿的产量仍无法满足国内需求,且质量较差、铝硅比偏低,98% 以上的矿石均为难加工且能耗高的硬铝石型矿石。此外,适合露天开采的铝土矿床在全国总储量中仅占 34% 左右。因此,铝土矿供需不平衡导致我国的铝土矿自给率下降。到 2022 年,我国的铝土矿自给率为 41.78%,较上年降低了 3.85 个百分点(图 7.7)。

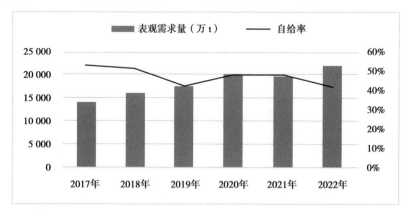

图 7.7　2017—2022 年我国铝土矿表观需求量及自给率

3)国内勘查投资情况

随着我国经济的不断增长,对铝土矿的需求量也逐渐增多,因此,铝土矿的供需缺口也在不断扩大。为此,政府增加了对该资源的勘探投资。2018—2021年,我国对铝土矿进行的地质勘探投入资金不断增加。2021年,我国在该领域的投入资金高达3.04亿元,较上年同期增长了5.6%。

4）进出口贸易情况

我国对铝的需求越来越大,但储量有限且质量较差的铝土矿供应无法满足市场需求。因此,我们不得不依赖国际市场,增加进口量。虽然2021年由于海运成本飙升进口量略有下降,但整体上呈上涨趋势,2022年进口量上涨至12 547.12万t。相比之下,我国的铝土矿出口数量极少,2022年仅为4.69万t(表7.3)。

我国铝土矿的进口来源地比较集中,2022年几内亚是我国最大的铝土矿进口来源国,占我国进口铝土矿数量的56%。这是因为几内亚铝土矿资源丰富,而且国内需求量较小,大量用于出口。另外,澳大利亚也是我国的一个重要的铝土矿进口来源地,2022年的进口量排名第二。这是因为澳大利亚是全球铝土矿产量最多的国家。在国内,山东省是我国最大的铝土矿进口地,进口量占全国总量的68.68%。这主要是因为山东省位于海岸线上,海运成本较低,而且该省是我国氧化铝产量最多的省份,需求量大。

表7.3 2017—2022年中国铝土矿进出口情况

进出口	年份					
	2017年	2018年	2019年	2020年	2021年	2022年
进口数量/万t	6 489.04	8 256.97	10 060.73	11 159.35	10 727.06	12 547.12
出口数量/万t	1.69	7.86	6.79	3.55	4.36	4.69
进口金额/亿元	229.74	288.57	350.70	349.00	331.55	491.88
出口金额/亿元	0.36	1.39	1.10	0.52	0.43	0.79

数据来源:中国海关

中国海关总署数据显示,2022年12月,中国铝土矿进口1 015万t,同比增加17%。2022年1—12月铝土矿进口总量12 547.12万t,同比增长16.8%。

其中,超过一半来自几内亚,27%来自澳大利亚,15%来自印度尼西亚。国内资源品位较低,自给率逐渐下降,中国对铝土矿进口的依赖从2002年的2.8%增长到2022年的58.22%。

7.3.4　重庆市供需分析

1)重庆市铝土矿资源分布

重庆市已查明铝土矿资源储量较为丰富,排名全国第五,但品质欠佳,主要分布于南川、黔江、武隆、丰都(表7.4、图7.8)。铝土矿赋存于二叠系中统梁山组中上部(图7.9),矿床类型属古风化壳沉积型矿床,矿石质量以中高硫、中低品位、含铁型铝土矿石为主;工业类型分为一水型铝土矿,矿石品级以 V 级品矿石为主。截至2022年年底,全市查明资源储量铝土矿区15个,其中大型两个,中型两个,小型11个,累计查明资源量15 630万 t,保有资源量14 319.38万 t(图7.10)。

图7.8　重庆市铝土矿资源区县分布图

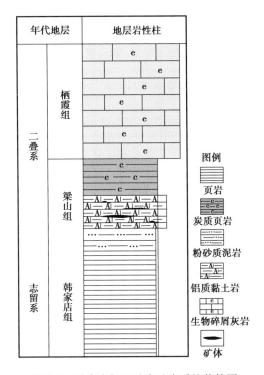

图 7.9　重庆市铝土矿含矿岩系柱状简图

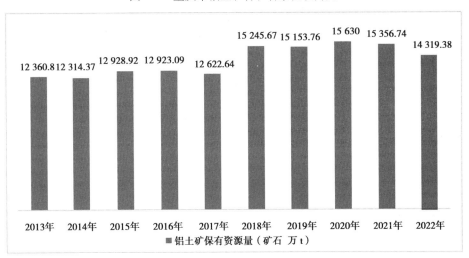

图 7.10　重庆市铝土矿保有资源量变化趋势图

表 7.4　重庆市铝土矿保有资源区县分布统计

序　号	区　县	保有资源量/万 t	占比/%
1	南川	10 837.33	75.7
2	黔江	2 376.85	16.6
3	武隆	980.60	6.8
4	丰都	124.60	0.9
5	合计	14 319.38	100.0

数据来源:重庆市矿产资源储量统计通报(2022)

矿体厚度一般为 0.37 ~ 2.52 m,品质一般为:Al_2O_3(50% ~ 69.74%)、SiO_2(9.01% ~ 18.14%)、Fe_2O_3(2.3% ~ 16.41%)、S(0.16% ~ 2.19%)、A/S(3 ~ 8.5)。与山西、贵州、广西、河南生产的矿石相比,重庆市铝土矿铝硅比(A/S)更低,且硫含量较高,如果只用本地矿石生产氧化铝,经济效益较低、能耗较高,综合效益低。

2)重庆市铝土矿开发现状

重庆市内开采的铝土矿资源从品质上不能完全满足氧化铝企业的生产要求,需要搭配进口铝土矿使用,自 2006 年和 2009 年博赛集团在圭亚那和加纳相继购买铝土矿矿山后,市内矿石需求量逐渐减少。

2022 年重庆市有一家在建铝土矿矿山,即武隆区的重庆锦峰矿业有限公司武隆子母岩铝土矿。中国铝业股份有限公司、中国铝业股份有限公司重庆分公司重庆市南川大土铝土矿、青海弘创建设工程有限公司武隆子母岩铝土矿三家矿山已关闭。由于重庆市采出的铝土矿整体品质较低,使用经济成本高于进口铝土矿,所以目前我市铝土矿矿山暂未开采。

3)重庆市铝土矿供需分析

氧化铝企业主要为重庆市博赛矿业(集团)有限公司(以下简称"博赛集团")和中国铝业集团有限公司(以下简称"中铝")。博赛集团处于生产状态并且租赁了中铝的生产线使用,2021 年,博赛集团两条 80 万 t/年的生产线正常运行,生产氧化铝 152 万 t。消耗铝土矿 321 万 t,矿石主要来源于几内亚、澳大利亚、圭亚那和加纳等国。电解铝企业共三家,分别是重庆旗能电铝有限公司、重庆天泰铝业有限公司、重庆国丰实业有限公司,合计产能 52 万 t,2021 年实际生产原铝 55 万 t。棕刚玉是冶炼设备所必需的耐火材料,其原料主要是铝土矿。刚玉生产企业一家,为重庆市赛特刚玉有限公司,2021 年生产刚玉 12 万 t,消耗铝土矿精矿约 20 万 t。

由于博赛集团于 2006 年、2009 年分别在圭亚那和加纳购买的铝土矿采矿权已投入使用,两个矿山生产规模达到 350 万 t/年,其产量基本能满足重庆使用,仅少量对外购买,价格与国际价格相吻合,总体价格在 270 ~ 360 元/t。进口矿石通过海船运往南通港,再经江船运输到涪陵(黄旗码头)港,最后通过汽车运输到厂。进口矿石购买价格较低,但是运输成本高。

虽然重庆市铝土矿需求量较小,但是目前市内矿石品质不能够满足生产需求,消耗的铝土矿全部需要向外购买,企业可以充分利用国内外“两种资源,两种市场”,建立稳定的购买渠道,保障企业顺利生产。

2021 年企业消耗量约为 341 万 t,博赛集团通过国外开采矿石基本能满足生产需求,2021 年底博赛集团在万州建立了 360 万 t/年的生产线,对铝土矿资源的需求翻一番,2022 年已投产使用,全市对铝土矿的需求达到 950 万 t 左右。

7.4　行业发展趋势分析

1）新能源产业快速发展，铝需求持续增多

德刊《Aluminium·10/2020》报道,欧盟委员会已将提取原铝用的铝土矿纳入关键原材料清单。欧盟委员会认为,铝工业对欧洲发展“绿色”与数字经济有着重要意义,铝在可再生资源、电池、电力电子、包装、高能效建筑与洁净机动车辆中有着广泛的应用。原欧盟主席格尔德·戈茨(Gerd Gtz)说:尽管废旧铝的回收在上升,但今后 30 年,全世界对原铝的需求仍将增加 50%。

全球面临气候问题,需要发展低碳经济和新能源产业。我国通过出台政策,将新能源列为七大支柱产业之一,并且新能源产业如新能源汽车、光伏发电、风电、水电等快速发展,对铝土矿的需求量也快速增长。随着我国经济进入"新常态",能源资源消费结构分化,铝土矿等传统大宗有色金属矿产的消费量增速虽有所放缓,但需求量仍存在较大增长空间。随着铝应用领域自身规模的扩大,以及应用程度不断加深,我国铝消费量有望持续增长。具体来看,城市化的加速推进,为建筑、耐用消费、包装行业的铝消费提供了持续的增长动力;交通运输领域的快速发展有效带动汽车产量增长、汽车零件铝化率提升、新能源汽车产业快速发展,使汽车制造业成为铝消费增长最快的领域;航空航天作为高端铝材应用的重要领域,也将带动我国铝消费规模和质量的提升。因此,铝土矿作为新能源产业链上游的重要原材料,需求量将继续增加,我国铝土矿进口量仍将处于高位。

2)国内自给率不断降低,进口需求继续增加

中国铝土矿面临较高开采量和较少国内资源储量之间的平衡问题,所以只能依靠进口铝土矿来解决长期供给短缺问题。同时,中国经济已从高速增长向高质量发展转型,政府持续加大对矿产资源开发整顿,逐步推行"发展绿色矿业,建设绿色矿山"政策,加快生态修复。随着国内矿山开发监管日益严格、矿石开采环保控制以及矿石运输加工要求的提高,国产铝土矿成本逐年攀升,矿产量逐年减少,迫使铝厂转向进口。未来,中国铝土矿进口量将继续保持上升,预计到2030年进口比例将达到80%。

3)重庆市铝土矿行业发展趋势

2022年,全市进口的矿石基本满足了企业的生产需求,基本达到了供需平衡。未来几年,预计氧化铝产量将上涨,铝土矿需求将翻番。2022年博赛集团企业布局调整,在万州建立四条氧化铝生产线,对铝土矿需求从350万 t/年扩大为950万 t/年,需求增加了2.7倍。新生产线一条已投入使用,剩余三条建设进度达70%,市内氧化铝产量将逐渐上涨,与我国日益增加的铝消费量形势保持一致。

第 8 章　可利用性研究

8.1　可利用性评价方法

8.1.1　多属性决策理论在矿业开发中的应用

早在 1896 年,法国经济学家帕累托就提出了多目标问题的概念。1944 年,von Neumann 和 Morgenstern 从对策论的角度提出了一个问题,即存在多个决策者,彼此之间互相矛盾的多目标决策问题。1951 年,柯普曼从生产、分配的活动分析角度提出了多目标最优化问题,并引入了"Pareto 最优"概念。20 世纪 50 年代,多目标决策问题的研究在运筹学、经济学和心理学 3 个学科内展开。Kuhn 和 Tucker 在 1951 年提出了非线性规划最优解存在的必要条件,即著名的Kuhn-Tucker 定理。Keeney 和 Raiffa 在 1976 年提出了多属性效用理论,并将上述 3 个学科的发展融为一体,用于决策分析。目标规划法是 20 世纪 60 年代主要的多目标决策方法。

20 世纪 70 年代,人们开始研究多目标决策理论和应用,主要关注获得向量优化算法和非劣解。此时,许多人提出了大量的交互式方法,主要有三类:价值和效用理论方法、交互式多目标规划方法以及基于群决策和谈判理论的方法。进入 20 世纪 80 年代后,研究者开始将注意力转向提供多准则决策支持,优化的概念也由追求最好变为追求令人满意。

对于探究非线性多目标决策问题,人们常常采用多种方法,如多目标线性加权法、ε 约束方法、代理值折中法和人机交互式方法。尽管我国在多目标决策研究和应用方面相对较晚,直到 20 世纪 70 年代中后期才逐渐兴起,但从那时起,一些学者(如顾基发、宣家骥、应玖茜、陈光亚、陈班、胡毓达等)已经在多目标规划方面开展了大量的研究工作,成效显著。近十多年来,多属性决策方面的理论、方法和应用研究更为活跃,取得了许多成果。

1)多属性决策理论及方法研究

解决多属性决策问题需要考虑 3 个因素,分别是将决策矩阵进行规范化处理、确定各属性的权重以及对方案进行综合排序。

(1)决策矩阵的规范化方法

由于每个决策属性具有不同的量纲和数量级,因此它们之间存在不可公度性和矛盾性。为了消除这种差异对决策结果的影响,需要对决策矩阵进行规范化(标准化)处理。目前,没有一种统一的方法用于对决策矩阵进行规范化。不同的规范化方法都有其优缺点,其中常用的包括向量规范化法、线性变换法和极差变换法。

(2)属性权重的确定方法

目前有多种方法来确定属性权重,可以根据原始数据的来源将这些方法分为三类:第一类是主观赋权法,由专家根据对各属性的主观重视程度进行赋权;第二类是客观赋权法,通过一定的规则自动赋权,不依赖于人的主观判断。这两种方法各有优缺点,因此又出现了第三类赋权法:主客观综合赋权法(或称组合赋权法)。

①主观赋权法。虽然主观赋权法是一个较为成熟的研究方法,但是其决策或评价结果存在较强的主观性,使得其客观性较差,同时还增加了决策分析者的负担,因此其应用存在一定的局限性。通常使用的主观赋权法包括专家调查法、最小平方法和层次分析法,其中层次分析法(AHP 法)是最常见的实际应用

方法。

②客观赋权法。尽管客观赋权法的发展较晚且存在缺陷,但它并不受决策人主观倾向的影响、不会过分增加决策分析者的负担,且具有稳健的数学理论基础。然而,这种方法的适用性取决于具体的问题环境,因此,通用性较差且难以让决策者参与,也没有考虑到决策者的主观意愿。客观赋权法有多种常用的计算方法,包括主成分分析法、熵技术法、离差及均方差法和多目标规划法等方法,其中熵技术法是使用最广泛的方法之一。

③主客观综合赋权法。在确定决策属性的重要性时,需要对其进行主客观综合赋权。这种方法结合了主观赋权法和客观赋权法的优点,既考虑了决策者的主观评价,又考虑了属性自身的客观指标。目前,这种方法被广泛应用于各种决策场景中。

在分析主观赋权法和客观赋权法的基本原理及优缺点后,王明涛提出了一种确定权重的综合分析法。而席国民等人则根据各属性在决策中所起作用的不同方面,即决策者对各指标的重视程度、各属性传输给决策者的信息量和各属性评价值可靠程度的不同而将属性权重 W_j 表示为:$W_j = f(W_{ji}, W_{j2}, W_{j3})$,其中 W_{ji}、W_{j2} 和 W_{j3} 的确定分别采用 AHP 法、熵技术法和集值统计法。

(3)多属性决策方法

①目前有多种排序决策方案的方法,常用的包括简单加性加权法和层次加权法、理想点法(其中包括逼近理想解的排序方法,如 TOPSIS 法和双基点法)以及多维偏好分析的线性规划技术,如 LINMAP 法等。此外,还有不少其他学者提出了不同的综合排序方法。例如,李占明提出了一种多目标决策的效用函数方法;王登癸则提出了密切值法和位分值法;徐政平则研发了双基点优序法;易先进提出了"两两对比价值法",而左军对此进行了改进;王应明提出了投影法,与简单加性加权法有类似之处但并非完全相同;穆东则对双基点法进行改进并对其进行了灵敏度分析;刘树林和邱苑华则基于被评价方案与理想解及负理想解之间的夹角提出了一种新的贴近度概念,并以此为基础提出了一种新的综合

排序方法。

②其他多属性决策方法。Roy 所提倡的消去和选择转换算法，是一种被广泛采用的多属性决策方法。该方法的核心在于其高层次的关系模型，旨在通过逐层筛选和压缩决策因素，最终得出可行且合理的最优决策方案。

Ribeiro 进行了广泛的回顾和总结，概述了模糊多属性决策方法的研究进展。陈守煌提出了一个模糊分析设计理论与模型，而武小悦和李国雄则建立了一个可处理属性权重和方案属性值的模糊性的多属性决策模型。孟波借助模糊数学和语言变量表达决策者的偏好，提出了一种全新的模糊多属性决策方法。张斌在此基础上提供了一种模糊集的分析方法。同时，郝强和朱梅林通过建立模糊加权相关度模型，实现了方案排序。此外，王应明运用 DEA 方法研究了只有输出指标的多指标决策问题。

（4）多属性群决策方法

对于多属性群决策问题的研究，目前主要关注如何确定个体意见的一致性以及如何将个体意见整合成群体意见，通常采用的方法是模糊数学法。在社会选择理论方面，自从阿罗不可能性定理提出以来，研究成果不断涌现，主要集中在探讨基于基数效用的阿罗条件和构建群效用函数的方法。最近，学术界提出了一些独特的方法来解决社会决策问题。比如，Hattori 提出了一种社会选择函数，它的从属关系包括了变量；罗云峰则提出了一种群决策准则，也被广泛接受；赵勇则对委员会评估进行了研究，并提出了一些新的结论；除此之外，熊锐还提出了一种适用于等级划分和群体评价的群决策民主方法，而王仁超则提出了一种基于期望满意度、满意与公正的群决策方法。

虽然已经有很多学者对多属性决策的理论和方法进行了研究，但是到目前为止，这些研究还没有给我们提供一个完整且系统的解决方案，尤其是在涉及多属性决策的计算机实现方面，仍缺乏成熟的应用软件。

2）多属性决策理论及方法在矿业中的应用

在矿业领域,会遇到很多多属性决策问题,如何选择最佳的采矿方案、选矿流程方案,进行技术经济综合评价、经济效益综合评价以及人员综合考评等,就需要在矿业系统中广泛应用多属性决策理论和方法。

（1）多属性决策方法在矿山企业中的应用

多属性的决策理论和方法在矿业领域中被广泛应用,目前,主要集中在矿山企业。特别是在采矿方案的选择方面,相关研究成果较多。

谢贤平把灰色系统理论中的关联分析法用于采矿方法的选择,提出了灰色关联分析法。蔡匡通过 3 个矿山实例的计算,比较分析了五种采矿方案优选方法。姚香对采矿方法的选择方法进行了总结。谢贤平和杨鹏将双基点法应用于采矿方法设计方案的评价和筛选中。姚香和周占魁提出用模糊数学方法筛选采矿方案。周科平将多目标灰色决策法用于采矿方法的筛选。吴爱祥等改进了双基点法并将其嫁接到价值工程法上,提出了一种相似率价值工程法。魏一鸣和周昌达提出了将综合评价决策法用于采矿方法的选择。

汪锦璋等使用双等效系数法来选择矿山企业的最佳开采方案。冯霞庭则运用神经网络技术来合理选择采矿方法。邵五等将 AHP 法用于确定因素权重,然后将灰色多目标决策方法应用于采矿方法选择。魏一鸣和童光照根据实例建立了矿床品位指标优化的灰色多目标模型。叶义成等则应用效用理论,分析采矿系统多目标决策问题的价值函数构成及特征,并建立了符合采矿指标特征的指数价值函数。潘棋则提出了矿井设计标书综合评判的当量分析和变权分析模型。

陈小明发明了一种适合矿山工程项目的模糊综合评价模型,该模型结合定性和定量分析;叶义成则利用高斯偏好函数和 PROMETHEE 排序模型研究了矿山经营状况的综合排名问题;而叶义成和伍佑伦则应用集对分析方法进行了矿山经营状况的综合排序研究;最后,张玉祥则提出了一种可持续发展评价模型,该模型对矿区各方面权重进行了调整。

虽然许多学者已研究了多属性决策应用于矿业企业中的问题,但这些应用有几个缺点:其一是应用范围有限,主要局限于选矿方案的抉择上;其二是使用的方法有限,多为传统的模糊综合评判法、层次分析法和关联度分析法;其三是只考虑单一人员的决策,而没有使用群决策的理论和方法。因此,今后的研究工作应注意上述问题,以不断提高决策的科学水平。

(2)多属性决策理论和方法在矿业中的综合应用

魏一鸣等人从系统的角度出发,提出了一个名为"矿产资源开发复杂大系统"的概念,旨在探索如何在开发矿产资源时实现全局优化决策。他们建立了一个集成模型,并研究了智能化集成系统的设计思路。与此同时,汪锦璋和郭纯等人则专注于研究矿山采选及联合企业的投资决策问题,提出了一种数学模型,借助0-1多目标规划优化法解决问题。另外,赵克勤也提出了一种基于"集对分析同一度概念"的方案综合评价方法。

陈庆华、潘长良等人针对矿业决策的复杂性,包括评价指标多样性、定性和定量指标并存等特点,采用三角模糊数进行定性指标的量化和权重分配建模。随后,他们运用层次分析法制定了多指标层次模糊综合评估决策模型,综合各参与者对不同方案的个人偏好,以决策群权威和原则为依据,求解出群体偏好顺序。该方法已应用于某黄金矿山企业的开采方案优选。此外,他们还采用层次分析法、模糊数学和灰色系统理论等方法构建了多层级评价指标结构和个人评价决策模型,综合各个参与者的个人评价决策,实现开采方案的模糊优选群决策。

8.1.2 多层次模糊综合评判模型

1)层次分析法

层次分析法(Analytic Hierarchy Process,AHP)是将决策总量有关的元素分解成目标、准则、方案等层次,在此基础之上进行定性和定量分析的决策方法。层次分析法能提高判断指标权重值的准确性和减少随机性。20 世纪 70 年代,美国匹兹堡大学的运筹学家 T. L. 萨蒂(T L Saaty)提出了层次分析法。萨蒂教授首先在为美国国防部研究"应急计划"时使用了 AHP,并于 1977 年在国际数学建模会议上发表了题为"层次分析法:无结构决策问题的建模"的论文。此后,AHP 在许多领域被广泛应用,并且 AHP 的理论也在不断深入和发展。目前每年都有许多关于 AHP 的研究论文发表,同时以 AHP 为基础的决策分析系统软件"专家选择系统"也已投入市场,并且越来越成熟。

1982 年,层次分析法这种新的决策方法被引入我国,是由当时参加中美能源、资源、环境会议的萨蒂教授的学生高兰尼柴(H. Gholamnezhad)向中国学者介绍的。不久后,许树柏等撰写了国内第一篇介绍 AHP 的文章"层次分析法—决策的一种实用方法"(1982 年)。自此以后,AHP 在我国应用迅速发展,1987 年 9 月我国举办了第一届 AHP 学术讨论会,1988 年举办了第一届国际 AHP 学术会议,目前 AHP 在应用和理论方面不断得到改进和提高。

2)层次分析法基本原理

层次分析法是一种排序方法,旨在为决策提供依据。它将决策问题视为由多个相互关联、相互限制的因素组成的复杂系统,这些因素可以按照它们之间的隶属关系分为若干层次。通过请专家、学者、权威人士对这些因素进行两两比较其重要性,使用数学方法对这些因素进行逐层排序,最后对排序结果进行分析,辅助进行决策。

3)层次分析法主要特点

层次分析法具有将主观判断量化并科学处理的特点,结合定性和定量分析的方法,较适用于社会科学领域的复杂问题,能够准确地反映问题的实际情况。此外,尽管该方法具备深刻的理论基础,其表现形式简单,易于人们理解和接受,因此在实际应用中得到广泛的应用。

层次分析法的基础是建立递进层次结构。递进层次结构的准确建立需要深入分析问题,找出影响因素及其相互关系。在找出各个影响因素后,需要仔细分析它们的相互关系,包括上下层次关系和同组关系。在每一因素支配元素不超过 9 个的限制下,需要合理分组,保证判断的准确性。在进行这一过程中,真正认识问题、把握问题是十分关键的。

4)层次分析法确定权重的基本原理和理论过程

(1)构造判断矩阵

需要为评价指标体系的每一层构建权重判断矩阵,以确定下层因子对上层因子的贡献程度。这可以通过同一层因子的两两比较评分来构建判断矩阵。这样就能确保指标体系各个层次的因子都得到正确的权重分配,详见表 8.1。

表 8.1 判断矩阵

A	B_1	B_2	...	B_j	...	B_n	W_i	BW_i
B_1	b_{11}	b_{12}	...	b_{1j}	...	b_{1n}	W_1	BW_1
B_2	b_{21}	b_{22}	...	b_{2j}	...	b_{2n}	W_2	BW_2
...	...	...	...	...	...	...	...	...
B_n	b_{n1}	b_{n2}	...	b_{nj}	...	b_{nn}	W_n	BW_n

(2)权重值的计算

根据表 8.1 可以得到要素层与各方案层的两两判断矩阵 $A = (a_{ij})_{n \times n}$,其次通过下列步骤进行权重的计算以及一致性检验。

①利用方根法求评价因素的权重向量近似值,其计算公式如下:

$$w_i = \left(\prod_{j=1}^{n} a_{ij} \right)^{\frac{1}{n}}, (i = 1, 2, \cdots, n)$$

②对上述利用方根法求解的权重向量按照下列公式做归一化处理,得到最终的权重为:

$$w'_i = \frac{w_i}{\sum\limits_{k=1}^{n} w_i},(i = 1,2,\cdots,n)$$

③计算判断矩阵的最大特征值 λ_{max}。

$$\lambda_{max} = \sum_{i=1}^{n} \frac{(Aw)_i}{nw_i}$$

（3）一致性检验

由一致性指标：

$$CI = \frac{\lambda_{max} - n}{n - 1}$$

$$CR = \frac{CI}{RI}$$

其中，一致性指标 CI 越大，就意味着矩阵的偏离一致性越大。反之，一致性指标 CI 越小，就意味着矩阵的偏离一致性就越小。并且当矩阵的阶数 n 越大时，其最大特征值 λ_{max} 也就会越大，这就可能会导致 CI 变得更大，也就意味着矩阵的偏离一致性越大。反之，阶数 n 越小，最大特征值 λ_{max} 就会越小，其一致性指标 CI 也就越小，则这就意味着矩阵的偏离一致性越小。这样的模型并不具有科学性。因此，矩阵的判断过程便采用了随机一致性指标，即 RI。RI 的大小与判断矩阵的阶数 n 有关，具体数据如表 8.2 所示。

表 8.2　RI 随机一致性指标

矩阵阶数 n	1	2	3	4	5	6	7	8
RI	0	0	0.58	0.89	1.12	1.26	1.36	1.41

若 CR<0.1，则说明一次性检验通过，则其对应的特征向量可作为权向量。

8.1.3　评价方法的选择

通过上述分析，层次分析法被广泛应用于各行业的指标比较中，以判断评价指标的重要性是否存在逻辑上的错误,并消除人为认识的局限性。该方法可通过一致性检验来判断指标的重要程度,从而在很大程度上提高了评价指标权重值的确定性和可靠性。使用层次分析法,需要建立一个逐层递进的结构模型,该模型分为3个层次:最高层包含一个目标或结果;中间层包含实现目标所需的一系列中间步骤,可能由多个层次组成;最底层包含各种可选的措施、决策方案等。还需要对每个层次中的因素进行相对重要的判断,并引入合适的标度,然后用数字形式表示出来,并将其编写成判断矩阵。这是层次分析法的基本步骤。

大佛岩-川洞湾铝土矿区资源可利用性评价指标体系具备多指标多层次的特征,选取层次分析法计算各评价指标对矿区资源可利用性评价的作用大小(权重),能有效弥补定性法与经验法的缺陷。层次分析法基本思想是把决策问题按总目标、子目标、评价标准直至具体措施的顺序分解为不同层次的结构,然后利用求判断矩阵的特征向量的办法,求得每一层次的各元素对上一层次某元素的权重,然后再用加权和的方法递阶归并,以求出各指标对总目标的权重。

对大佛岩-川洞湾铝土矿区资源可利用性进行定量化评价,需要对评价因素进行定量化,即将每个因素划分为几个级别,并为每个级别分配特定的值。使用业界标准、工业指标和企业调查数据作为参考,对大佛岩-川洞湾铝土矿区的资源可利用性评估指标进行量化赋值。

最后,利用函数对各指标权重和各指标赋值进行加权叠加,再利用建立的判别式对评价指数进行铝土矿资源可利用性结果评判。

本次可利用性研究通过构建矿产资源可利用性评价指标体系,选择基于层次分析及加权叠加法的评价模型对大佛岩-川洞湾铝土矿区资源的可利用性进行深入研究和评价。

8.2　可利用性评价原则

考虑到评价指标体系要对评价目的、问题、对象与数据的来源等因素进行设计,所以在构建一套较为合理有效的评价指标体系的过程中应当遵循下列原则。

8.2.1　科学有效性原则

为确保评价的全面性,铝土矿区的评价指标应该涵盖各个领域,并与评价目标密切相关。各指标应具备广泛的适用性、符合统计规范和可靠的数据来源,以确保其内容和形式的有效性。指标体系应该适中,逻辑清晰,目的明确,定义明确,可度量和反映铝土矿资源的可利用性实际情况。

8.2.2　可操作性原则

可操作性原则要求评价指标不能是难以观测和获取的,不能出现数据造假和数据失真的现象,应尽量把这些风险排除在外,从而降低评价指标数据的获取成本。首先,评价指标体系中的每一项评价指标,都要求指标能够被采集或者量化处理,也就是说,评价指标的评价数据要可以被采集或者量化处理,否则该指标的设立就失去了意义。其次,评价指标的设计要尽量降低数据失真或造假风险,最好能实现获取评价指标的公开数据。再次,应使评价指标的数据易于采集,降低评价指标数据的获取成本,并可以使用简易方法进行量化处理并具有一定的意义,能够把人为影响因素降到最小,以减少人为因素带来的误差。如果某个指标的实际观测获取成本太大,那么可以采取其他方式来近似获取,或者直接将其剔除。

8.2.3　系统性与层次性相结合原则

为需确保指标体系的完整性、综合性以及体现综合评价,而非单独指标的简单综合,在指标体系的设计中,应注重其结构上的清晰度、合理性、关联性和协调一致性。指标体系应呈现出一个系统的整体性能,故必须根据系统描述的角度合理选择评价指标。此外,各个子系统在信息数量上的不同表现为分别包括一级和二级评价指标,其信息的浓缩程度随着对象的不同而呈现递增现象,因此,根据层次性原则,在实际操作中应尽可能合理地设计指标体系。

8.2.4　灵活适应性原则

铝土矿资源是一个处于不断变化中的领域,因此,其指标体系也需随变化做出相应的调整。在选取评价指标时,必须综合考虑矿区的各种实际情况。评价指标体系也应该随着矿区的变化而不断调整,以便更加针对实际需求,提高评价结果的可信度。

8.2.5　显著性原则

显著性原则要求选择评价指标时,要保留主要的关键评价指标,将非必要的评价指标剔除在评价指标体系之外,从而降低数据发生冗余情况的概率。之所以如此,是因为评价指标在设计时可能存在相互干扰的情况。理想情况下,评价指标体系应该能百分之百地全面描述评价对象的所有特征,且指标之间能保持完全的独立性。但在现实情况当中,这种状况的发生概率是极小的。因此,在评价指标体系的构建过程中,不能一味追求指标数量。首先,评价指标数量与获取评价数据的成本成正比。其次,评价指标数量越多,越容易导致数据冗余,产生数据重复计算的可能性。因此,在评价指标体系中,一般情况下应该保留一些关键指标,而将非关键指标剔除在外。而判定指标是否为关键性指标的重要依据就是该指标对总体评价的贡献度,指标对总体评价的贡献度越大,其显著性就越高,可以作为关键指标;相反,显著性越低,则越有可能是非关键指标。

　　所选指标应该经过精心筛选,保证精简而明确,重点关注主要指标,能够真实反映整体情况而不是个别现象,以保证决策的全面性和可靠性。指标含义必须清晰,数据规范,资料收集可靠,而且应该符合地方实际情况和国家政策方向,可以量化,并与统计数据相一致。

8.3　可利用性评价体系构建

　　铝土矿资源可利用性评价是一项包括多个方面的综合性工程,其带来的效益涵盖了经济、社会和环境三个方面的统一。环境效益主要表现在铝土矿山的采掘过程与自然生态系统之间实现和谐统一,实现绿色、可持续开采;而社会效益则表现在该项工程能够带动区域经济的快速发展,提高就业率并改善人们的物质、文化、生活水平;经济效益则表现在宏观层面该项工程能够让工矿企业获得巨额收益并增加政府的税收收入,在微观层面单个工矿企业的生产能力也将得到提高,同时铝土矿资源的开发利用也将带来增量收入。总之,铝土矿资源可利用性评价是一项极其重要的系统化工程,它所涵盖的经济效益、社会效益和环境效益的复合性将为区域发展和人们生活带来深远的影响。

8.3.1　可利用性评价指标构建方法

　　评价指标体系通常有以下几种构建方法。一是分析法,即将某一评价对象按其组成内容和对评价目标的影响不同划分为若干层次,在划分的过程中需明确各个层次与评价目标的联系及隶属关系,在此基础上继续细分,直到每个层次可以用具体的指标来反映评价对象对于评价目标的特征。二是综合法(文献分析法),即借鉴前人研究中已构建的评价指标体系,对其中的指标进行归纳总结,根据指标出现的频率并结合本次评价的具体对象找出具有普遍性的指标,由此构建新的评价指标体系。三是专家打分法,即铝土矿行业内专家的生产实践和学术研究经验都较为丰富,可以通过邀请专家填写调查问卷的方式,利用专家对行业的专业见解,对指标进行取舍,最后汇总分析得到可用于评价的指标。

在研究大佛岩-川洞湾铝土矿区资源可利用性评价指标体系的过程中,本文采用了分析法、综合法以及专家法相结合的方法。具体而言,本书通过对矿区铝土矿资源开发利用现状的实地调研,并搜集相关文献资料,根据数据的可获得性,采用数理统计分析等方法提取相关信息,以及考虑专家对初始评价指标重要程度的打分情况,并最终确定各个子系统的最适合指标。在此基础上,本书构建了符合渝东南地区区县经济特性和现有数据基础的指标评价体系,以全面兼顾实际情况和客观需求。

8.3.2　可利用性评价指标体系研究

随着中国经济发展水平的不断提高,矿产物质消耗的速率日益迅猛,为应对这一挑战,大量的专家和学者开始加大对矿产资源可利用性评价指标体系的研究和探索力度,以期在矿产资源管理方面取得更加全面和可持续的发展前景。矿产资源可利用性评价是一项复杂的系统工程,对其影响的因素众多,涉及相关指标多达数十项。张照志等人在对俄哈蒙三国七方矿产资源可利用性进行详细分析的基础上,构建了新疆阿勒泰地区俄哈蒙三国七方矿产资源可利用性10个评价指标,包括资源基础及潜力、矿业在经济社会中的地位与作用、基础设施建设情况、国家政治体制、矿业投资环境、中央政府支持力度、地方政府支持力度、外交政策、宗教信仰、人文。王岩等人将评价指标归纳为五个因素(5F),即社会需求因素、地理环境因素、矿床地质因素、矿山企业经营因素和经济因素,共计44个指标(表8.3)。2020年,自然资源部在全国矿产资源国情调查中明确提出对矿产资源可利用性评价需重点考虑工程建设项目压覆和重要功能区重叠等外部影响因素,故本次矿产资源可利用性初始评价指标确定为 46 个(表 8.4)。

表 8.3 矿产资源可利用性评价 44 个指标一览表

影响因素	评价指标	
社会需求	1.国内供需情况;2.国际市场行情;3.国家政策	
地理环境	4.交通;5.供水供电等;6.气候;7.地形地貌;8.地震情况;9.生态与环境;10.评价区有无同类矿山	
矿床地质	矿山储量评价指标:11.矿石工业类型;12.矿床工业类型;13.资源储量规模;14.探明工业矿石资源储量;15.可采系数;16.矿床远景评价;17.矿体厚度及埋深	矿石质量特征评价指标:18.矿产组合;19.有益有害组分;20.矿石品位;21.矿床工业指标
矿山企业经营	22.矿山合理服务年限;23.开采方式;24.开拓方式;25.剥离系数;26.掘采比;27.采矿方法;28.采矿回收率;29.矿石贫化率;30.选矿方法;31.选矿试验程度;32.选矿难易程度;33.设计年选矿能力;34.精矿品位;35.精矿产率;36.选矿回收率;37.选矿比;38.难选冶原因	
经济	39.产品价格;40.产品成本;41.基建投资;42.流动资金;43.资本化利息;44.矿山总成本	

表 8.4 本次矿产资源可利用性评价初始 46 个评价指标一览表

影响因素	评价指标	
社会需求	1.国内供需情况;2.国际市场行情;3.国家政策	
地理环境	4.交通;5.供水供电等;6.气候;7.地形地貌;8.地震情况;9.生态与环境;10.评价区有无同类矿山	
矿床地质	矿山储量评价指标:11.矿石工业类型;12.矿床工业类型;13.资源储量规模;14.探明工业矿石资源储量;15.可采系数;16.矿床远景评价;17.矿体厚度及埋深	矿石质量特征评价指标:18.矿产组合;19.有益有害组分;20.矿石品位;21.矿床工业指标
矿山企业经营	22.矿山合理服务年限;23.开采方式;24.开拓方式;25.剥离系数;26.掘采比;27.采矿方法;28.采矿回收率;29.矿石贫化率;30.选矿方法;31.选矿试验程度;32.选矿难易程度;33.设计年选矿能力;34.精矿品位;35.精矿产率;36.选矿回收率;37.选矿比;38.难选冶原因	

续表

影响因素	评价指标
经济因素	39.产品价格;40.产品成本;41.基建投资;42.流动资金;43.资本化利息;44.矿山总成本
外部约束因素	45.工程建设项目压覆;46.重要功能区重叠

1)社会需求因素评价指标

①国内供需状况:国民经济或地区经济发展对该类矿产品的需要程度与供应情况。对于国家急需、短缺的矿产,即使矿石品位不高,矿区内外建设条件较差,采选成本较高,仍对其作出肯定的评价。

②国际市场行情:国际市场对该类矿产品的供需平衡状况分析及国际市场价格与行情预测。

③国家政策:国家对该类矿产品在工业布局、资源配套、国防安全等方面的要求,国家该类矿产的开发政策,国民经济发展规划、国际的贸易政策及国际贸易形势等。

2)地理环境因素评价指标

①交通:铁路沿线、江河两岸、距用户单位近的矿床,其经济意义就大,交通方便;处于交通困难的地区及距用户单位远的矿床,其经济意义就小,交通不方便;处于上述两者之间,交通困难但通过投资建设可以逐步改变,使其经济意义增大,这种为交通一般。

②供水、供电等:水源、电力、燃料、动力、劳动力、辅助原料、建筑材料、生活材料等的供应情况,以及资源配套等情况。这些条件通过投资和建设是可以改善的。

③气候:气候是影响矿山开采年工作日的决定因素,气候特别恶劣的地区,甚至会导致矿床不能开采而失去其工业价值。气候恶劣的地区,劳动时间短、作业困难、生产效率低,需要的投资及采选成本也会相应地高,矿山企业的产值

利润就会相对减少。

④地形地貌:结合矿体的形态、产状及空间分布情况,一方面影响开采方式或开拓方案的选择;另一方面还影响矿山的工业场地、废石场、尾矿坝及其他设施的配置。在我国,有些成矿区带为高山峡谷,虽有较丰富的矿产资源,但往往受地形地貌的限制。这就在无形中降低了矿产资源的经济利用价值。

⑤地震情况:地震烈度、发生频率等直接影响是否投资建设,影响矿山生产年限。

⑥生态与环境因素:矿山企业的建设和生产可能对环境造成破坏、污染,占用农田,破坏生态平衡等,要预防其破坏或恶化程度,制订避免和防治措施。

⑦评价区有无同类矿山企业存在:如果有可节省大量工程建设投资,充分利用现有矿山企业的各种设施,加快被评价矿床的开发利用速度,取得更好的经济效益。

3)矿床地质因素评价指标

(1)矿山储量评价指标

①矿石工业类型:矿山开采主矿种的矿石工业类型。

②矿床工业类型:基于矿床成因类型、产业价值、代表性、矿石成分、产状、构造关系以及岩石围岩属性等因素,可以将矿床划分为多种类型。在这些类型中,大约可总结出 13 种基本矿床类型,包括但不限于岩浆岩型、伟晶岩型、斑岩型、接触交代型、热液型(狭义)、海相火山岩型、陆相火山岩型、海相沉积型、陆相沉积型、沉积变质型、砂矿型、风化壳型及不明确成因型等。

③资源储量规模:分为特大型、大型、中型、小型、矿点。特大型,按矿床学界普遍公认的标准,是指矿床储量达到大型矿床最低标准储量的五倍以上者,如超大型金矿床的金储量应达到 100 t;大型、中型、小型 3 种规模,根据自然资源部发布实施的《矿产资源储量规模划分标准》(DZ/T 0400—2022)规定的各类矿产规模划分;矿点之前尚无规定的划分标准,此次暂定矿点是指储量不及小型矿床最高储量之 1/10 者,如铜矿点的铜储量小于 1 万 t。

④探明工业矿石资源储量：截至 2022 年年底，矿区内对应矿产累计探明工业矿石资源储量，应分别对应主矿种、共伴生矿种逐项统计累计探明资源储量。

⑤可采系数：一般探明的工业储量，不可能全部都是可采矿量，因此，将工业储量乘以可采系数，使之变为可采储量。

⑥矿床远景评价：一项基于已有数据对矿床的产量与储量潜力进行预估和评估的工作。虽然这项工作通常在矿点检查时进行，但其范围并不限于此，而是需要在整个勘探过程中持续进行。具体而言，这种评估分为 3 种结论：有扩大远景、无扩大远景和远景不明。在评估时，需要考虑多种不同的依据、精度与要求，以提高评估的准确性及可靠性。

⑦矿体厚度及埋深。

（2）矿石质量特征评价指标

①矿产组合：分为单一矿产、主要矿产、共生矿产和伴生矿产。

②有益有害组分：矿山开采矿石中各矿种内的有益有害组分名称。

③矿石品位：矿石中所含金属质量与原矿质量之比。

④矿床工业指标：界定矿产资源储量的标准。矿床的质量要达到工业要求，有一系列衡量指标，主要包括矿石品位、品级、可采厚度、夹石剔除厚度、有益组分和有害组分等。参照《矿产资源工业要求参考手册》（2020 版）。

4）矿山企业经营因素评价指标

①矿山合理服务年限：根据国民经济的需要和凭经验确定。一般情况下，大型矿床大于 30 年，中型矿床 20～30 年，小型矿床 10～15 年，特殊情况可缩短服务年限。

②开采方式：地下开采、露天开采和地下与露天联合开采。

③开拓方式：矿床开拓是采矿程序之一，指从地表掘进通入矿体的井筒、主要巷道或堑沟（露天开采时）的工作。它使矿床与地表有一条完整的通风、排水和运输线路，以便能在矿床中进行采矿准备和回采工作。

④剥离系数：凡属于露天开采的矿体或矿床，开采时需剥离的覆盖物（包括

厚大的矿层间夹石和开拓安全角范围内剥离物)的量与埋藏的矿石量之比。等于或小于这个比值的那一部分矿石可以露天开采。

⑤掘采比:地下开采的矿山,每采出一万吨矿石需要掘进坑道的延米数。

⑥采矿方法:露天开采矿床采矿方法和地下开采矿床采矿方法,其中地下开采矿床采矿方法又分为金属矿采矿方法和煤矿采煤方法,金属矿采矿方法包含空场采矿法、充填采矿法、崩落采矿法等。

⑦采矿回收率:采矿过程中,采出矿石量占该采场或采矿区域内工业地质储量的百分比,它是反映矿山开采过程中矿石资源利用情况的质量指标,也是分析采矿方法和考核采矿工作质量好坏的重要标志之一。

⑧矿石贫化率:矿石在开采过程中,由于废石的混入,致使采出矿石的品位降低,其降低程度以百分比表示,是采出的矿石品位与平均地质品位之比。

⑨选矿方法:利用矿产中不同矿物在物理、化学或物理化学性质方面的差异,将目标矿物与其他成分分离的方法。按照选矿产品从流程中产出的先后顺序对应统计获得该产品的选矿方法。如果选矿作业流程中采用了多种选矿方法,则以精选作业流程采用的选矿方法作为依据。具有两种及两种以上不同选矿作业流程的,以精矿产值最大者优选的原则,选择两种主要选矿流程中精选作业采用的选矿方法。

⑩选矿试验程度:分为可选性试验、实验室流程试验、实验室扩大连续试验、半工业和工业试验五类。

⑪选矿难易程度:分为易选、可选、难选。

⑫设计年选矿能力:矿山设计确定的年度选矿生产量。此项指标应填报最终设计确定的年度主矿产的选矿生产能力。经改扩建生产能力发生变化的矿山,应明确改扩建后的设计生产能力,单位采用万吨。

⑬精矿品位:已有开采加工难选冶资源的矿山企业所采用的利用该资源所得到的精矿中该有用组分的品位。

⑭精矿产率:精矿产品质量占原矿质量的百分数。

⑮选矿回收率：选矿产品(一般为精矿)中所含被回收有用成分的质量占所给原矿中该有用成分质量的百分数。矿山实际完成的选矿回收率指标,有多个产品的应分别对应统计各个产品回收率。

⑯选矿比：原矿质量与精矿质量之比,即选出一吨精矿需要原矿的吨数。

⑰难选冶原因：简单描述该矿难选冶的原因。

5)经济因素评价指标

①产品价格：矿产部门生产的煤炭、原油、金属矿石及非金属矿石等产品的价格。我国矿产品价格一般由市场行情决定,根据原料基地情况、国民经济各部门的需求量、矿山开采技术和矿石加工水平,利用替代品的可能性及参考国际市场价格和考虑进出口情况等综合确定的。

②产品成本：主要包括采矿成本、选矿成本等。

③基建投资：矿山基建是指露天矿投产前为保证正常生产所完成的全部工程,包括供配电建筑(变电所、供配电线路)、工业场地建筑(机修、电修、车库、器材库等)、破碎筛分场地建筑(破碎厂、运矿栈桥、贮矿槽等)、建设排土场、建立地面运输系统及自地表至露天采场的运输通道、修建路基和铺设线路、完成投入生产前的掘沟工程和基建剥离量。

④流动资金：生产过程中用于垫支劳动对象、工资及其他支出方面的资金。用于生产周转和商品流通,不能用于基本建设、固定资产更新改造、大修理、集体福利和其他部门资金来源的开支。

⑤资本化利息：基建期间的贷款利息,对于建设期间发生的这部分利息,称为资本化利息。

⑥矿山总成本：矿山企业在生产经营中所发生的各种资金耗费的总和。

6)外部约束因素

①工程建设项目压覆：在目前的技术和经济条件下,工程建设项目的压覆现象指的是建设或规划项目的实施导致已被确认的矿产资源无法被有效开采

和利用。在压覆的矿产获得自然资源主管机关的批准后,该机关不再受理对其储量的采矿权和探矿权的登记申请。因此,一般情况下,其开采是受到法律禁止的,特别是在禁采区域。然而,这并非永久性的,如果以后的情况发生改变或采取了一系列措施,那么法律就允许再次论证和利用。

②重要功能区重叠:开展生态保护红线、永久基本农田、城镇开发边界、自然保护地(自然保护区、国家公园、自然公园)等重要功能区范围内查明矿产资源状况、资源潜力等专题研究,评估矿产资源的利用现状。

8.3.3　评价指标体系的建立

全部考虑可利用性评价的初始指标不实际,在系统调查分析的基础上,根据专家打分法选取对矿区铝土矿资源开发利用影响最大的指标。分别选择地质、采矿、选矿、矿政管理等科研企事业单位和行政管理部门的 12 位知名专家学者对 46 个初始指标的重要程度进行个人打分(表 8.5)。依据每个专家打分情况,选择平均得分靠前的 12 个评价指标作为本次矿产资源可利用性评价指标。12 个评价指标分别为产业政策、经济效益、压覆情况、选冶难易程度、矿床规模、矿石品位、生态环境影响、开采技术条件、采矿回收率、国内供需、重要功能区重叠、交通条件等(表 8.6)。

表 8.5　专家打分前 12 项指标一览表　　　　　单位:分

专家	产业政策	经济效益	压覆情况	选冶难易程度	矿床规模	矿石品位	生态环境影响	开采技术条件	采矿回收率	国内供需	重要功能区重叠	交通条件
1	100	96	85	85	80	85	90	75	70	70	75	65
2	98	92	90	80	90	82	65	80	65	65	65	58
3	90	100	85	85	90	75	60	72	78	65	80	55
4	95	95	88	70	85	70	65	70	80	60	55	50
5	88	98	90	90	75	72	80	75	70	60	60	60

续表

专家	产业政策	经济效益	压覆情况	选冶难易程度	矿床规模	矿石品位	生态环境影响	开采技术条件	采矿回收率	国内供需	重要功能区重叠	交通条件
6	95	70	95	80	85	70	60	80	65	65	85	52
7	100	85	86	85	95	85	85	68	72	80	60	75
8	80	82	84	85	70	65	70	65	60	85	50	60
9	85	92	80	90	85	70	90	85	80	60	55	80
10	90	85	85	85	82	75	85	70	75	80	60	60
11	98	75	90	95	80	80	70	60	65	75	50	50
12	95	88	85	90	75	78	80	80	85	65	55	70
平均	92.83	88.17	86.92	85.00	82.67	75.58	75.00	73.33	72.08	69.17	62.5	61.25

表 8.6　大佛岩-川洞湾铝土矿资源可利用性评价指标体系

目标层(A)	中间层(B)	指标层(C)
大佛岩-川洞湾铝土矿区可利用性评价(A)	社会需求(B1)	产业政策(C1)
		国内供需(C2)
	地理环境(B2)	交通条件(C3)
		生态环境影响(C4)
	矿床地质(B3)	矿床规模(C5)
		矿石品位(C6)
		开采技术条件(C7)
	矿山企业经营(B4)	采矿回收率(C8)
		选冶难易程度(C9)
		经济效益(C10)
	外部约束因素(B5)	重要功能区重叠(C11)
		压覆情况(C12)

专家评分法是一种定性描述定量化方法,它首先根据评价对象的具体要求选定若干个评价指标,再根据评价指标制订评价标准,聘请若干代表性专家凭借自己的经验按此评价标准给出各项目的评价分值,然后对专家意见进行统计、处理、分析和归纳,客观地综合多数专家经验与主观判断,对大量难以采用技术方法进行定量分析的因素做出合理估算,最终选出若干项专家均认为重要的评价指标。

打分程序:①确定可能影响矿产资源可利用性评价结果的指标,设计评价指标征询意见表;②选择专家;③向专家提供项目背景资料;④对专家意见进行分析汇总。

专家评分法的特点:

①简便,根据具体评价对象,确定恰当的评价项目,并制订评价等级和标准;

②直观性强,每个等级标准用打分的形式体现;

③计算方法简单,且选择余地较大;

④将能够进行定量计算的评价指标和无法进行计算的评价指标都加以考虑。

专家打分原则:认为非常重要指标为 100 分;认为重要指标为 70 分;认为比较重要指标为 50 分;认为不重要指标为 0 分;其余指标根据个人认为的重要程度相应赋值。

打分过程中需注意的问题:

①选取的专家应当熟悉行业发展现状,有较高的权威性和代表性,人数应适当;

②对影响矿产资源可利用性评价结果的每项指标的权重及分值均应当向专家征询意见;

③打分后统计方差,如果不能趋于合理,应当慎重使用专家打分法结论。

8.4　建立可利用性评价模型

考虑到矿产资源的综合评价需要一个完整的指标体系来进行系统性的研

究,专家和学者提出了多种不同的矿产资源评价指标体系。这些指标体系的构建受到目的和研究方法的影响,因此也存在着较为显著的差异。根据大佛岩-川洞湾铝土矿资源可利用性评价指标设置的原则,并结合矿区铝土矿资源开发利用的实际情况,参照已有的研究成果,构建了一个广泛适用于渝东南地区不同铝土矿矿区,符合当地的经济社会发展状况和环境特征的指标体系。具体将大佛岩-川洞湾铝土矿资源可利用性评价指标体系分为5个二级评价指标,即社会需求、地理环境、矿床地质、矿山企业经营、外部影响因素。

铝土矿资源不仅是社会经济发展的重要素之一,更是其物质基础之一。但由于铝土矿资源的有限性,不合理利用不仅会造成资源的浪费和短缺,更会污染环境,对社会经济发展产生负面影响。因此,只有通过合理开发利用铝土矿资源,才能实现社会经济的可持续发展。其中,铝土矿资源禀赋、市场环境和成本衡量是必不可少的重要指标。需要注意的是,铝土矿资源的开发利用过程中会对环境产生外部性的影响。例如,开发过程中的尾矿和固体废弃物占用土地,会对生态环境产生不良影响;废水和废气的排放则可能对水体、土地和大气造成污染。因此,在进行环境影响因素的分析时,不仅需要考虑环境系统自身的状况,还要考虑经济发展与环境承载力的关系。着重考察开发利用过程中的环境治理和保护水平,严格控制污染物的排放,以实现铝土矿资源开发利用与环境保护的协调发展,保护环境生态系统的完整性。

本次以矿产资源理论、可持续发展理论、循环经济理论等为理论基础,选择针对性较强和能切实反映大佛岩-川洞湾铝土矿资源开发利用实际情况的指标,构建了以社会需求、地理环境、矿床地质、矿山企业经营、外部约束因素5个二级评价系统的可利用性评价指标体系,具体分为目标层、中间层和指标层3个等级(表8.6)。

8.4.1 层次分析法确定指标权重

可利用性评价指标体系具备多指标多层次的特征,选取层次分析法计算各评价指标对矿区铝土矿资源可利用性评价的作用大小(权重),能有效弥补定性法与经验法的缺陷。计算采用 SPSS 软件进行。评价指标的判断矩阵和权重计算结果见表 8.7 和表 8.8。

表 8.7　判断矩阵汇总结果

中间层(B)	社会需求	地理环境	矿床地质	矿山企业经营	外部影响因素	特征向量	权重值/%
社会需求	1	2	0.333	0.333	2	0.85	14.52
地理环境	0.5	1	0.25	0.25	0.5	0.435	7.433
矿床地质	3	4	1	2	2	2.169	37.037
矿山企业经营	3	4	0.5	1	2	1.644	28.069
外部影响因素	0.5	2	0.5	0.5	1	0.758	12.941

表 8.8　大佛岩-川洞湾铝土矿资源可利用性评价指标体系及其权重

目标层(A)	中间层(B)	权重/%	指标层(C)	权重/%
大佛岩-川洞湾铝土矿可利用性评价(A)	社会需求(B1)	14.520	产业政策(C1)	9.685
			国内供需(C2)	4.835
	地理环境(B2)	7.433	交通条件(C3)	2.475
			生态环境影响(C4)	4.958
	矿床地质(B3)	37.037	矿床规模(C5)	20.000
			矿石品位(C6)	6.037
			开采技术条件(C7)	11.000
	矿山企业经营(B4)	28.069	采矿回收率(C8)	2.386
			选冶难易程度(C9)	7.607
			经济效益(C10)	18.076
	外部约束因素(B5)	12.941	重要功能区重叠(C11)	4.309
			压覆情况(C12)	8.632

智能分析结果：

①层次分析法确定社会需求的权重为 14.52%、地理环境的权重为 7.433%、矿床地质的权重为 37.037%、矿山企业经营的权重为 28.069%、外部影响因素的权重为 12.941%，其中，指标权重最大值为矿床地质(37.037)，最小值为地理环境(7.433)。最大特征根为 5.191，CR＝CI/RI＝0.043≤0.1，通过一次性检验。

②层次分析法确定矿床规模的权重为 53.961%、矿石品位的权重为 16.342%、开采技术条件的权重为 29.696%，其中指标权重最大值为矿床规模(53.961)，最小值为矿石品位(16.342)。其中，最大特征根为 3.009，根据 RI 表查到对应的 RI 值为 0.525，因此，CR＝CI/RI＝0.009≤0.1，通过一次性检验。

③层次分析法确定采矿回收率的权重为 8.522%、选冶难易程度的权重为 27.056%、经济效益的权重为 64.422%，其中，指标权重最大值为经济效益(64.422)，最小值为采矿回收率(8.522)。最大特征根为 3.054，CR＝CI/RI＝0.051≤0.1，通过一次性检验。

8.4.2 评价指标信息提取

为获取大佛岩-川洞湾铝土矿区的资源规模、矿石品位、开采技术条件、采矿回收率、经济效益等相关数据，采用问卷调查法结合资料收集法，向矿山企业和区县矿山主管部门发放问卷调查表 20 份，回收有效问卷 17 份。为了对验证大佛岩-川洞湾铝土矿资源可利用性评价结果，对渝东南地区其他 14 个铝土矿区(重庆市矿产资源国情调查确定的 15 个铝土矿区)也一并进行了调查分析，其统计汇总结果见表 8.9。

表 8.9　渝东南地区铝土矿评价指标数据统计一览表

矿区名称	产业政策	国内供需	交通条件	生态环境影响	矿床规模	矿石品位（Al_2O_3)/%; A/S	开采技术条件	采矿回收率/%	选冶难易	经济效益	功能区重叠	压覆情况
南川区大佛岩-川洞湾铝土矿区	战略性	紧缺	非常便捷	较轻	大型	61.33~61.98; 4.08~4.33	简单	88	较难	一般	10%重叠	无
南川区娄家山矿区	战略性	紧缺	较便捷	较轻	小型	65.86; 5.39	中等	80	较难	差	90%重叠	无
武隆区子母岩铝土矿区	战略性	紧缺	较便捷	较轻	小型	61.88~63.74; 4.42~4.5	简单	85	较难	一般	无重叠	无
南川区肖家沟-磨子湾铝土矿区	战略性	紧缺	非常便捷	较轻	中型	65.76;5.87	简单	88	较难	一般	5%重叠	无
黔江区水田坝铝土矿区	战略性	紧缺	非常便捷	较轻	大型	62.73~64.36; 4.24	简单	85	较难	一般	无重叠	无
黔江区水田坝外围铝土矿区	战略性	紧缺	较便捷	较轻	小型	61.43;4.28	简单	85	较难	一般	无重叠	无
丰都县野猫轩铝土矿区	战略性	紧缺	一般	较轻	小型	50; 5.11	简单	85	较难	差	5%重叠	无
武隆区张家山铝土矿区	战略性	紧缺	较便捷	较轻	小型	57.47~62.65; 6.23	中等	85	较难	一般	无重叠	无
武隆区赵家坝背斜东翼铝土矿区	战略性	紧缺	较便捷	较轻	小型	58.42;3.88	简单	85	较难	一般	15%重叠	无

续表

矿区名称	产业政策	国内供需	交通条件	生态环境影响	矿床规模	矿石品位 (Al_2O_3)/%；A/S	开采技术条件	采矿回收率/%	选冶难易	经济效益	功能区重叠	压覆情况
武隆区清水乡矿区	战略性	紧缺	一般	较轻	小型	59.79~60.14；8.5	简单	85	较难	差	45%重叠	20%压覆
武隆区浩口铝土矿区	战略性	紧缺	一般	较轻	小型	59.43；5.42	中等	85	较难	差	35%重叠	无
武隆区赵家坝背斜西翼铝土矿区	战略性	紧缺	一般	较轻	小型	58.87；4.63	中等	85	较难	差	30%重叠	无
武隆区申基坪铝土矿区	战略性	紧缺	一般	较轻	小型	51.78；3.57	简单	85	较难	差	70%重叠	无
南川区苿竹坝铝土矿区	战略性	紧缺	非常便捷	较轻	中型	69.74；7.59	简单	85	较难	差	全部重叠（金佛山风景区）	无
南川区柏梓山铝土矿区	战略性	紧缺	一般	较轻	小型	55.71；6.03	简单	85	较难	差	85%重叠（金佛山风景区）	无

8.4.3　评价指标评分标准及判别表

采用层次分析法进行定量化评价,首先需要对 12 个可利用性评价指标作定量化计算,其方法是把各评价指标根据重要程度赋数值并归入不同的几个等级。根据现有的行业标准、矿产资源规划、工业指标、地质勘查数据及矿山企调研结果对可利用性评价指标分别进行量化赋值,其赋值结果见表 8.10。其次,利用函数对各指标权重和各指标赋值进行加权叠加,获得各矿区评价指数。最后,利用建立的判别式对评价指数进行各矿区铝土矿资源可利用性结果评判,判别式见表 8.11。

表 8.10　渝东南地区铝土矿评价指标体系指标层量化赋值标准

目标层	中间层	指标层	特征值			
			A(50)	B(30)	C(20)	D(0)
渝东南地区铝土矿可利用性评价	社会需求	产业政策	战略性	无约束	限采	禁采
		国内供需	紧缺	较紧缺	供需平衡	过剩
	地理环境	交通条件	非常便捷	较便捷	一般	困难
		生态环境影响	轻微	一般	较重	严重
	矿床地质	矿床规模	特大型	大型	中型	小型
		矿石品位	5 倍工业品位以上	2~5 倍工业品位	1~2 倍工业品位	1 倍工业品位以下
		开采技术条件	简单	中等	较复杂	复杂
	矿山企业经营	采矿回收率	≥90%	80%~90%	60%~80%	≤60%
		选冶难易程度	易选	较易	较难选	难选
		经济效益	良好	较好	一般	差
	外部影响因素	重要功能区重叠	无重叠	0%~20%重叠	20%~50%重叠	大于50%重叠
		压覆情况	无压覆	0%~20%压覆	20%~50%压覆	大于50%压覆

表 8.11　渝东南地区铝土矿可利用性等级判别式表

目标层	可利用程度	评价指数	说　明
渝东南地区铝土矿可利用性评价	易利用	≥0.9	各指标得值较均衡,矿山建设政策阻力小,经济效益好
	可利用	0.80~0.90	各指标得值不够均衡,矿山建设政策阻力相对较小,经济效益一般
	近期难利用	0.60~0.80	各指标得值不均衡,矿山建设存在一定的政策障碍,经济效益不理想。近期不可用,但远期随着政策、地质勘查程度提高、选冶技术、矿产品价格等因素的变化可成为可利用矿区
	难利用	≤0.6	各指标得值差别大,矿山建设政策的障碍较大,经济效益差。近期不可用,远期随着政策、地质勘查程度提高、选冶技术、矿产品价格等因素的变化可利用难度仍然很大

8.5　可利用性评价结果

　　重庆市南川区大佛岩-川洞湾铝土矿资源可利用性评价运用定量化评价方法,本次建立的评价模型见式(8.1),计算获得数值是各的铝土矿区资源可利用性评价指数。

$$Wi = \sum_1^n \frac{X_i Y_i}{40} \qquad (8.1)$$

式中　W——铝土矿资源各矿区可利用性评价指数;

　　　　X_i——第 i 个铝土矿资源评价指标的权重;

　　　　Y_i——第 i 个铝土矿资源评价指标的量化赋值;

　　　　40——修正系数。

　　基于各铝土矿区评价指标的权重和量化赋值数据,确定各矿区铝土矿资源可利用性评价指数的最终得分(表8.12)。在表8.12中,评价指数得分数值越高,该矿区资源可利用性越高,越有利于该矿区的开发利用并取得良好的经济效益。

表8.12 渝东南地区铝土矿可利用性评价计算结果表

矿区名称	产业政策	国内供需	交通条件	生态环境	矿床规模	矿石品位	开采技术条件	采矿回收率	选冶难易	经济效益	功能区重叠	压覆情况	评价指数	评价结果
南川区大佛岩-川洞湾铝土矿区	50	50	50	30	30	20	50	30	20	20	30	50	0.854	可利用
南川区娄家山矿区	50	50	30	30	0	20	30	30	20	0	0	50	0.554	难利用
武隆区子母岩铝土矿区	50	50	30	30	0	20	50	30	20	20	50	50	0.713	近期难利用
南川区肖家沟-磨子湾铝土矿区	50	50	50	30	20	20	50	30	20	20	30	50	0.804	可利用
黔江区水田坝铝土矿区	50	50	50	30	30	20	50	30	20	20	50	50	0.875	可利用
黔江区水田坝外围铝土矿区	50	50	30	30	0	20	50	30	20	20	50	50	0.713	近期难利用
丰都县野猫仟铝土矿区	50	50	20	30	0	20	50	30	20	0	30	50	0.636	近期难利用
武隆区张家山铝土矿区	50	50	30	30	0	20	30	30	20	20	50	50	0.658	近期难利用

续表

矿区名称	产业政策	国内供需	交通条件	生态环境	矿床规模	矿石品位	开采技术条件	采矿回收率	选冶难易	经济效益	功能区重叠	压覆情况	评价指数	评价结果
武隆区赵家坝背斜东翼铝土矿区	50	50	30	30	0	20	50	30	20	20	30	50	0.691	近期难利用
武隆区清水乡矿区	50	50	20	30	0	20	50	30	20	0	20	30	0.582	难利用
武隆区浩口铝土矿区	50	50	20	30	0	20	30	30	20	0	20	50	0.57	难利用
武隆区赵家坝背斜西翼铝土矿区	50	50	20	30	0	20	30	30	20	0	20	50	0.57	难利用
武隆区申基坪铝土矿区	50	50	30	30	0	20	50	30	20	0	0	50	0.609	近期难利用
南川区茶竹坝铝土矿区	50	50	50	30	20	20	50	30	20	0	0	50	0.722	近期难利用
南川区柏梓山铝土矿区	50	50	30	30	0	20	50	30	20	0	0	50	0.609	近期难利用

根据构建的评价指标体系和建立的评价模型,渝东南地区 15 个铝土矿区中无易利用矿区(评价指数≥0.9),可利用矿区 3 个(评价指数 0.9 ~ 0.8),近期难利用矿区 8 个(评价指数 0.8 ~ 0.6),难利用矿区 4 个(评价指数<0.6)。3 个可利用矿区中两个曾建但现已关闭矿山,评价结果和实地调查情况基本一致,说明利用评价模型进行资源可利用性评价具有一定的科学性。

8.5.1　易利用矿区

渝东南地区 15 个铝土矿区评价指数均小于 0.9,无易利用矿区,主要受矿石品位较低、矿石选冶难易程度较难、矿山开采经济效益差等因素影响,拉低了整体评价指数。

8.5.2　可利用矿区

渝东南地区 15 个铝土矿区评价指数介于 0.9 ~ 0.8 的矿区有 3 个,为可利用矿区,分别为南川区大佛岩-川洞湾铝土矿区、南川区肖家沟-磨子湾铝土矿区、黔江区水田坝铝土矿区。其中,南川区大佛岩-川洞湾铝土矿区评价指数为0.854,为可利用矿区。

8.5.3　近期难利用矿区

渝东南地区 15 个铝土矿区评价指数介于 0.8 ~ 0.6 的矿区有 8 个,为近期难利用矿区,分别为武隆区子母岩铝土矿区、黔江区水田坝外围铝土矿区、丰都县野猫矸铝土矿区、武隆区张家山铝土矿区、武隆区赵家坝背斜东翼铝土矿区、武隆区申基坪铝土矿区、南川区菜竹坝铝土矿区、南川区柏梓山铝土矿区。

8.5.4　难利用矿区

渝东南地区 15 个铝土矿区评价指数小于 0.6 的矿区有 4 个,为难利用矿区,分别为南川区娄家山矿区、武隆区清水乡矿区、武隆区浩口铝土矿区、武隆区赵家坝背斜西翼铝土矿区。

渝东南地区铝土矿床整体以低品位铝土矿为主,对矿石选冶加工技术提出了更高要求。目前,我国在低品位铝土矿综合利用技术方面已取得突破(潘爱芳等,2016),通过活化、浸取、分离、回收等主要工艺技术过程,可使铝土矿中的 Al_2O_3 和 SiO_2 得到分离提取,能够提取满足国家标准的氧化铝、微细硅酸等产品。该项技术可以提高较低铝硅比等低品位矿石的开发利用水平,显著增加可选冶加工的铝土矿资源量,从而使得全国 90% 以上的低铝硅比资源量得以利用。

第9章 结 语

9.1 主要成果

本书的主要成果如下。

①通过系统调查重庆市南川区大佛岩-川洞湾铝土矿区的 46 个可利用性评价指标,对比分析各评价指标的重要程度,结合专家打分情况选取最影响矿区铝土矿资源开发利用的指标,构建了三级指标评价体系。三级评价指标包括 1 个一级指标、5 个二级指标和 12 个三级指标,其中 12 个三级指标分别为:产业政策、经济效益、压覆情况、选冶难易程度、矿床规模、矿石品位、生态环境影响、开采技术条件、采矿回收率、国内供需、重要功能区重叠、交通条件。

②建立了评价模型。首先,需要对重庆市南川区大佛岩-川洞湾铝土矿区可利用性评价指标采用层次分析法进行定量化评价,其方法是把各评价指标根据重要程度赋数值并归入不同的几个等级。其次,根据现有的行业标准、矿产资源规划、工业指标、地质勘查数据及矿山企调研结果对矿区可利用性评价指标分别进行量化赋值。最后,利用函数对各指标权重和各指标赋值进行加权叠加,再根据判别式对评价指数进行资源可利用性结果评判。

③研究对象是重庆市南川区大佛岩-川洞湾铝土矿区,为验证大佛岩-川洞湾铝土矿资源可利用性评价结果的准确性,本次对渝东南地区其他 14 个铝土矿区(重庆市矿产资源国情调查确定的 15 个铝土矿区)也一并进行了调查分析

和可利用性评价。渝东南地区 15 个铝土矿区中无易利用矿区(评价指数 ≥ 0.9),可利用矿区 3 个(评价指数 0.9 ~ 0.8),近期难利用矿区 8 个(评价指数 0.8 ~ 0.6),难利用矿区 4 个(评价指数<0.6)。

④本次利用层次分析法和加权叠加法所建立的评价模型可为铝土矿资源的可利用性评价提供科学参考,同时也可为其他矿产资源的可利用性评价提供借鉴。获得的评价结论不仅可以作为矿山企业建设投资的依据,也能为区域矿产资源规划、调整矿业布局、矿业生产要素合理配置提供理论基础,对促进重庆等地区矿产行业高质量发展亦具有重要参考价值。当然,对于评价指标的选择和权重的确定需要根据不同的矿产资源和应用场景进行调整和优化,以便更好地满足实际需求。

9.2 建议

1)制订铝产业长远发展战略

目前,中国铝行业长期发展过程中产业结构不合理、资源匮乏、竞争力不强等深层次矛盾积累释放,迈入了重要的历史时期。鉴于中国铝土矿资源自给率低且矿石整体质量不高,难以支撑铝工业可持续、高质量发展的需要,应加大国内铝土矿资源勘探力度,对资源实施战略性储备,境内铝土矿资源优先配置给已建成的氧化铝企业。对氧化铝产能进行总量控制,立足国内需求,不追求自给自足,更不鼓励出口。密切跟踪氧化铝投资动向,严控新建以国产铝土矿为原料的氧化铝项目;提升成本竞争力,引导国内铝土矿供应枯竭、高成本地区的氧化铝产能有序退出;优化区域布局,鼓励有条件的氧化铝企业向沿海港口及海外资源地有序转移,实现产业规模与市场需求、环境承载力、资源保障相适应的发展格局;加强国内外发展战略规划的协同管理,将中国企业在国外的氧化铝产能建设纳入氧化铝产能总量控制的范畴,统筹考虑国内外产能建设,以防止中资企业在国外大规模、无限制地新建氧化铝产能。立足国内需求,继续坚持对国内电解铝产能实行总量控制,严禁任何形式的新增产能。鼓励电解铝产能向清洁能源富裕且具有环保容量地区适度转移。加强中国铝消费战略研究,探索建立铝消费峰值预警机制,研究并适时出台电解铝产能减量置换政策。

2)推动资源全球开发格局

中国铝土矿进口来源一直过于集中,也因此数次遭遇资源国政策变化带来铝土矿供应风险。应加快推动我国海外铝资源开发的多元化布局,推进"一带一路"建设,加快铝土矿资源全球化布局,采用独资或合资等形式扩大国外铝土矿资源占有量,分散资源风险。除非洲之外,应关注具有运距优势的东南亚国家的铝土矿资源开发,避免资源来源过于集中和由此带来的合作风险。推动铝土矿资源全球开发及进口渠道多元化,降低资源进口集中度,提升自身应对供给风险的能力。一是保持并适当扩大现有较为稳定的主力进口渠道,可效仿铁矿石贸易,同澳大利亚、印度等采用长协谈判的方式以确保一段时间内矿产资源来源的稳定。二是努力稳固新建立的进口渠道,通过同几内亚、巴西等国加强双边在教育、医疗、基础设施建设等其他领域的合作以维护稳定的进口关系,分散供给风险。三是关注资源储量较为丰富但尚未与中国建立贸易关系的国家或地区,通过积极外交手段促进双边贸易关系建立,并鼓励国内相关企业通过直接从事海外资源采选,增加一定规模进口量。

3)加大铝土矿勘查投入,增加查明资源量

一是对已有勘查区在现有勘查成果的基础上,对低级别区进行补充勘查,进一步提升资源的勘查程度。二是在勘查项目的立项、论证中,充分研究原有成果资料,鼓励寻找铝土矿成矿靶区,力争找到更多的铝土矿资源。三是应加大煤系地层整装勘查、综合勘查力度,为提前查明煤下铝等共伴生资源,实现煤铝综合开采、综合利用提供地质保障。除上述总体勘查部署原则外,应特别重视煤下铝土矿的勘查。山西煤下铝土矿勘查开发面临着矿体形态复杂多变、规律性差,跨采空区勘查等勘查难度和顶板维护困难、水文条件复杂等开发难度。煤下铝土矿勘查时要首先查明基底构造形态和矿体赋存范围,要一孔多用,加大矿层的采样和控制程度;生产煤矿巷道掘进和采掘工作面布置时要统筹考虑煤下铝的开发利用,上部有采空区时,还需查明上部采空区的空间赋存特征和富水性。开发时需充分考虑上部采空区积水和下部岩溶水以及煤矿老窑水,并合理规划开采顺序与采掘方式,做好顶板支护。

4)加强煤铝资源联合开发的研究

《国务院安委会办公室关于进一步加强与煤共(伴)生金属非金属矿山安全生产工作的通知》(安委办〔2015〕6号文)规定:"要由煤矿设计单位和煤矿安全评价单位按照煤矿开采的相关法规、标准和有关规定对与煤共(伴)生矿山建设项目进行设计和安全评价。要按照煤矿开采的相关法规、标准和有关规定对与煤共(伴)生矿山进行安全监管。"依据上述规定,政府主管部门和企业及设计单位应积极探索煤铝共同开发的模式和铝土矿的采矿方法,应根据煤、铝工业指标和经济价值确定主采矿种,按矿产资源法规规定,针对资源赋存条件、开采技术条件、矿权关系、主采矿种等因素确定合理开发模式,可以是采铝兼煤、采煤兼铝、煤铝共采三种模式之一。既要保证煤层开采不影响铝土矿开采,又要保证铝土矿开采不破坏上覆煤层。因此,煤铝联合开采时应优先考虑下行开采,即先采煤层后采铝土矿,如果有特殊情况需要上行开采的需进行专门的研究论证。

5)开展科技攻关,坚持自主创新

重庆市是成渝地区"双城"经济圈的重要组成部分,肩负党中央赋予的重大使命,重庆市是国家先进制造业中心,材料工业、石油化工、战略性新兴产业蓬勃发展,对铝土矿资源有较大需求。为此,一是应加大铝土矿勘查开发力度并落实"南川大佛岩-川洞湾铝土矿"国家规划矿区建设,对南川区大佛岩-川洞湾铝土矿区加大开发力度并在矿区周边开展"攻深找盲"勘查工作,进一步提高其资源储量规模;加大对南川区肖家沟-磨子湾铝土矿区、黔江区水田坝铝土矿区的勘查开发力度;结合国际国内铝土矿市场和国家战略性需要,进一步研究其他铝土矿区开发利用的可行性。二是开展铝土矿等难利用矿产科技攻关,在坚持自主创新的同时,可以采取"拿来主义",积极引进和消化可以提高矿产开发利用率的各项前沿技术,使其能转化为矿山"三率"和企业经济效益的同步提高。

参考文献

[1] 郭路明. 河北省唐山市迁西县铁矿资源开发利用评价研究[D]. 乌鲁木齐：新疆农业大学, 2014.

[2] 刘得辉, 王永志, 梁标志, 等. 基于多指标的广西铝土矿储备矿产地开采优势评价[J]. 矿产综合利用, 2023(5)：174-184.

[3] 王岩, 邢树文, 张增杰, 等. 我国查明低品位铁矿资源储量分析[J]. 矿产综合利用, 2014(5)：15-17.

[4] 严伟平, 曾小波. 攀西地区钒钛磁铁矿资源开发利用水平评估方法研究[J]. 矿产综合利用, 2020(6)：79-83.

[5] 李俊波, 浦华, 吴昊, 等. 基于 DEA-Malmquist 模型的四川省矿产资源开发效率评价[J]. 矿产综合利用, 2022(1)：82-88.

[6] 钟海仁, 孙艳, 赵芝, 等. 重庆南川铝土矿物源分析:碎屑锆石 U-Pb 定年、Hf 同位素和锆石微量元素示踪[J]. 地质学报, 2020, 94(5)：1505-1524.

[7] 赵晓东, 李军敏, 王涛, 等. 南川—武隆铝土矿 C、O 同位素特征及其地质意义[J]. 金属矿山, 2013(12)：78-80.

[8] 徐林刚, 孙莉, 孙凯. 中国铝土矿的成矿规律、关键科学问题与研究方法[J]. 矿床地质, 2023, 42(1)：22-40.

[9] 刘平, 廖友常. 黔中-渝南沉积型铝土矿区域成矿模式及找矿模型[J]. 中国地质, 2014, 41(6)：2063-2082.

[10] 陈阳, 尹福光, 李军敏, 等. 南川铝土矿沉积相特征[J]. 沉积与特提斯地质, 2012, 32(1)：106-112.

[11] 张启明，江新胜，秦建华，等. 黔北—渝南地区中二叠世早期梁山组的岩相古地理特征和铝土矿成矿效应[J]. 地质通报，2012，31(4)：558-568.

[12] 赵晓东，凌小明，郭华，等. 重庆大佛岩铝土矿床地质特征、矿床成因及伴生矿产综合利用[J]. 吉林大学学报(地球科学版)，2015，45(4)：1086-1097.

[13] 冯伟. 重庆市铝土矿资源分布及综合利用思考[J]. 中国资源综合利用，2018，36(2)：56-57.

[14] NORTHEY S A, MUDD G M, WERNER T T. Unresolved complexity in assessments of mineral resource depletion and availability [J]. Natural Resources Research, 2018, 27(2)：241-255.

[15] ZHANG Z Z, JIANG G Y, WANG X W, et al. Development and utilization of the world's and China's bulk mineral resources and their supply and demand situation in the next twenty years[J]. Acta Geologica Sinica-English Edition, 2016, 90(4)：1370-1417.

[16] TANVAR H, MISHRA B. Comprehensive utilization of bauxite residue for simultaneous recovery of base metals and critical elements[J]. Sustainable Materials and Technologies, 2022, 33：e00466.

[17] 冷学坤. 降低拜耳法生产氧化铝溶出过程碱耗的研究[D]. 长沙：中南大学，2011.

[18] 重庆市人民政府. 重庆市矿产资源总体规划(2021—2025 年)[C]，2022-12-02.

[19] 周立明，韩征，张道勇，等. 全国油气矿产资源国情调查工作实践与思考[J]. 中国矿业，2022，31(7)：14-17.

[20] 陈阳，程军，任世聪，等. 渝南大佛岩铝土矿伴生镓的分布规律研究[J]. 稀有金属，2013，37(1)：140-148.

[21] 陈阳. 重庆大佛岩铝土矿沉积微相与岩相古地理研究[D]. 北京：中国地

质科学院，2012.

[22] 雷东军. 渝东南地区铝土矿中硫的来源与分布规律浅析[J]. 低碳世界，2019，9(7)：94-96.

[23] 刘平，廖友常. 黔中-渝南沉积型铝土矿区域成矿模式及找矿模型[J]. 中国地质，2014，41(6)：2063-2082.

[24] 刘平，韩忠华，聂坤. 黔中—渝南岩溶型铝土矿含矿岩系特征、控制条件及生成发展模式[J]. 地质论评，2022(6)：2147-2174.

[25] 赵婕，唐将，陈林华，等. 南川大佛岩铝土矿区钛、硫含量与铝土矿成矿的关系[J]. 贵州地质，2019，36(3)：246-249.

[26] 张明，汪小勇，刘建中，等. 贵州修文比例坝铝土矿成矿物质来源及沉积环境研究[J]. 贵州地质，2018，35(2)：88-95.

[27] 李华，艾斯卡尔，吾守艾力，等. 渝东南地区隐伏铝土矿物探勘查技术试验研究：以车盘矿区试验结果为例[J]. 地质学报，2013，87(3)：384-392.

[28] 任卫东. 顶板不稳固缓倾斜铝土矿低贫损安全高效开采技术研究[D]. 长沙：中南大学，2012.

[29] 李军敏，丁俊，尹福光，等. 渝南申基坪铝土矿矿区钪的分布规律及地球化学特征研究[J]. 沉积学报，2012，30(5)：909-918.

[30] 邹建华，王冰峰，王慧，等. 重庆芦塘矿晚二叠世煤中微量元素和稀土元素的地球化学特征[J]. 煤炭学报，2022，47(8)：3117-3127.

[31] 施飞. 重庆铝土矿575主平窿岩溶地质灾害研究[D]. 长沙：中南大学，2010.

[32] 陈莉，李军敏，杨波，等. 渝南吴家湾铝土矿含矿岩系中钪的分布规律研究[J]. 矿物岩石地球化学通报，2013，32(4)：468-474.

[33] 王森，何广武，李阔，等. 晋中南地区铝土矿矿物特征及其成因[J]. 煤田地质与勘探，2017，45(1)：20-25.

［34］钟海仁,孙艳,杨岳清,等. 铝土矿(岩)型锂资源及其开发利用潜力[J]. 矿床地质,2019,38(4):898-916.

［35］姜海伦,罗先熔,高文,等. 青海省都兰县开荒地区地球化学特征及找矿预测[J]. 金属矿山,2020(7):138-145.

［36］张志玺,张文斌,赵飞,等. 贵州省三联铝土矿床地质特征及控矿因素浅析[J]. 地质与勘探,2020,56(1):17-25.

［37］刘玉林,程宏伟. 我国铝土矿资源特征及综合利用技术研究进展[J]. 矿产保护与利用,2022,42(6):106-114.

［38］YANG W, ZHANG M, TAO C, et al. Comprehensive utilization and sustainable development of bauxite in northern Guizhou on a background of carbon neutralization[J]. Sustainability, 2022, 14(21): 14301.

［39］雷志远,翁申富,陈强,等. 黔北务正道地区早二叠世大竹园期岩相古地理及其对铝土矿的控矿意义[J]. 地质科技情报,2013,32(1):8-12.

［40］崔滔,焦养泉,杜远生,等. 黔北务正道地区铝土矿形成环境的古盐度识别[J]. 地质科技情报,2013,32(1):46-51.

［41］刘辰生,金中国,郭建华. 黔北务正道地区淡水沉积型铝土矿床沉积相[J]. 中南大学学报(自然科学版),2015,46(3):962-969.

［42］汪小妹,焦养泉,杜远生,等. 黔北务正道地区铝土矿稀土元素地球化学特征[J]. 地质科技情报,2013,32(1):27-33.

［43］CAO J Y, WU Q H, LI H, et al. Metallogenic mechanism of Pingguo bauxite deposit, western Guangxi, Chian: Constraints from REE geochemistry and multi-fractal characteristics of major elements in bauxite ore[J]. Journal of Central South University, 2017, 24(7):1627-1636.

［44］刘平,韩忠华,廖友常,等. 黔中—渝南铝土矿含矿岩系微量元素区域分布特征及物质来源探讨[J]. 贵州地质,2020,37(1):1-13.

［45］凌小明,赵晓东,李军敏,等. 重庆吴家湾铝土矿矿床地质特征及控矿因

素探讨[J].沉积与特提斯地质, 2013, 33(4):95-99.

[46] 密静强, 陈远荣, 于浩, 等. 广西平果沉积型铝土矿 Ga 的分布特征与沉积环境关联性探讨[J]. 地质力学学报, 2022, 28(3): 417-431.

[47] 于磊. 浅析稀散元素镓在山西的富集特征[J]. 西部探矿工程, 2017, 29(2): 112-113.

[48] 金中国, 郑明泓, 刘玲, 等. 贵州铝土矿含矿岩系中锂的分布特征及富集机理[J]. 地质学报, 2023, 97(1): 69-81.

[49] 龙珍, 付勇, 何伟, 等. 贵州新民铝土矿矿床 Li 的地球化学特征与富集机制探究[J]. 矿床地质, 2021, 40(4): 873-890.

[50] 钟海仁. 重庆南川铝土矿沉积物源及含矿岩系伴生锂赋存状态和富集机理研究[D]. 北京: 中国地质大学(北京), 2020.

[51] 杜蔺, 唐永永, 张世帆, 等. 贵州铝土矿含铝岩系中关键金属富集特征及资源潜力[J]. 沉积学报, 2023, 41(5):1512-1529.

[52] 赵晓东, 胡昌松, 凌小明, 等. 重庆南川武隆铝土矿含矿岩系稀土元素特征及其地质意义[J]. 吉林大学学报(地球科学版), 2015, 45(6): 1691-1701.

[53] 唐波, 付勇, 龙克树, 等. 中国铝土矿含铝岩系伴生稀土资源分布特征及富集机制[J]. 地质学报, 2021, 95(8): 2284-2305.

[54] 谷静, 黄智龙, 金中国.黔北务—正—道地区新木—宴溪铝土矿含矿岩系底部稀土元素富集机制[J].矿物学报, 2021, 41(4):413-426.

[55] LI Z H, DIN J, XU J S, et al. Discovery of the REE minerals in the *Wulong-Nanchuan* bauxite deposits, Chongqing, China: Insights on conditions of formation and processes[J]. Journal of Geochemical Exploration, 2013, 133: 88-102.

[56] WANG X M, JIAO Y Q, DU Y S, et al. REE mobility and Ce anomaly in bauxite deposit of WZD area, Northern Guizhou, China [J]. Journal of

Geochemical Exploration, 2013, 133: 103-117.

[57] CUI T. Rare earth mineral and its geological significances in the WZD bauxite, northern Guizhou, China[J]. Advanced Materials Research, 2013, 868: 92-95.

[58] 黄苑龄, 谷静, 张杰, 等. 黔北务—正—道铝土矿中稀土元素赋存状态[J]. 矿物学报, 2021, 41(4): 454-459.

[59] EHELIYAGODA D, ZENG X L, WANG Z S, et al. Forecasting the temporal stock generation and recycling potential of metals towards a sustainable future: The case of gallium in China[J]. The Science of the Total Environment, 2019, 689: 332-340.

[60] 罗培麒, 付勇, 唐波, 等. 中国镓矿分布规律、成矿机制及找矿方向[J]. 地球学报, 2023, 44(4): 599-624.

[61] HUANG J, WANG Y B, ZHOU G X, et al. Exploring a promising technology for the extraction of gallium from coal fly ash[J]. International Journal of Coal Preparation and Utilization, 2022, 42(6): 1712-1723.

[62] IDJIS H, ATTIAS D. Availability of mineral resources and impact for electric vehicle recycling in Europe[M]//DA COSTA P, ATTIAS D. Towards a Sustainable Economy. Cham: Springer, 2018: 71-82.

[63] 高利娥, 曾令森, 赵令浩, 等. 变质改造型关键金属矿: 富集 Li-Rb-Cs-Tl-Ga 的云母片岩[J]. 岩石矿物学杂志, 2023, 42(1): 29-46.

[64] TANG B, FU Y, YAN S, et al. The source, host minerals, and enrichment mechanism of lithium in the Xinmin bauxite deposit, northern Guizhou, China: Constraints from lithium isotopes[J]. Ore Geology Reviews, 2022, 141: 104653.

[65] ZHANG Y S, ZHANG J. Study on the occurrence state of lithium in low-grade diasporic bauxite from central Guizhou Province, China[J]. JOM, 2019, 71

（12）：4594-4599.

［66］ HAN D Z, PENG Z H, SONG E W, et al. Leaching behavior of lithium-bearing bauxite with high-temperature bayer digestion process in K_2O-Al_2O_3-H_2O system［J］. Metals, 2021, 11（7）：1148.

［67］ VIND J, MALFLIET A, BONOMI C, et al. Modes of occurrences of scandium in Greek bauxite and bauxite residue［J］. Minerals Engineering, 2018, 123：35-48.

［68］ 凌小明, 赵晓东, 李军敏, 等. 车盘向斜南东翼铝土矿镓特征及综合利用前景［J］. 金属矿山, 2014（1）：88-91.

［69］ KANEKAPUTRA M R, MUBAROK M Z. Extraction of scandium from bauxite residue by high-pressure leaching in sulfuric acid solution ［J］. Heliyon, 2023, 9（3）：e14652.

［70］ GRUDINSKY P, PASECHNIK L, YURTAEVA A, et al. Recovery of scandium, aluminum, titanium, and silicon from iron-depleted bauxite residue into valuable products：A case study［J］. Crystals, 2022, 12（11）：1578.

［71］ DAMINESCU D, DUȚEANU N, CIOPEC M, et al. Scandium recovery from aqueous solution by adsorption processes in low-temperature-activated alumina products ［J］. International Journal of Molecular Sciences, 2022, 23（17）：10142.

［72］ DAVRIS P, BALOMENOS E, NAZARI G, et al. Viable Scandium Extraction from Bauxite Residue at Pilot Scale［J］. Materials Proceedings, 2022, 5（1）：120-129.

［73］ NAPOL'SKIKH J A, SHOPPERT A A, LOGINOVA I V. The optimization of Sc recovery from red mud obtained by water-leaching of bauxite-sintering product［J］. Materials Science Forum, 2022, 1052：436-441.

［74］ SHOPPERT A, LOGINOVA I, NAPOL'SKIKH J, et al. High-selective extraction of scandium（Sc）from bauxite residue（red mud）by acid leaching with MgSO₄[J]. Materials, 2022, 15(4): 1343.

[75] BOTELHO A B Jr, ESPINOSA D C R, TENÓRIO J A S. Selective separation of Sc（Ⅲ）and Zr（Ⅳ）from the leaching of bauxite residue using trialkylphosphine acids, tertiary amine, tri-butyl phosphate and their mixtures [J]. Separation and Purification Technology, 2021, 279: 119798.

[76] AVDIBEGOVIĆ D, BINNEMANS K. Separation of scandium from hydrochloric acid-ethanol leachate of bauxite residue by a supported ionic liquid phase[J]. Industrial & Engineering Chemistry Research, 2020, 59 (34): 15332-15342.

[77] ROOSEN J, VAN ROOSENDAEL S, BORRA C R, et al. Recovery of scandium from leachates of Greek bauxite residue by adsorption on functionalized chitosan-silica hybrid materials[J]. Green Chemistry, 2016, 18(7): 2005-2013.

[78] MENG F Y, LI X S, WANG P P, et al. Recovery of scandium from bauxite residue by selective sulfation roasting with concentrated sulfuric acid and leaching[J]. JOM, 2020, 72(2): 816-822.

[79] 汤艳杰, 贾建业, 刘建朝. 豫西地区铝土矿中镓的分布规律研究[J]. 矿物岩石, 2002, 22(1): 15-20.

[80] TOMAŠIĆI N, ČOBIĆI A, BEDEKOVIĆ M, et al. Rare earth elements enrichment in the upper Eocene tošići-dujići bauxite deposit, Croatia, and relation to REE mineralogy, parent material and weathering pattern [J]. Minerals, 2021, 11(11): 1260.

[81] LING K Y, ZHU X Q, TANG H S, et al. Geology and geochemistry of the Xiaoshanba bauxite deposit, Central Guizhou Province, SW China: Implications for the behavior of trace and rare earth elements[J]. Journal of

Geochemical Exploration, 2018, 190: 170-186.

[82] ABEDINI A, KHOSRAVI M, CALAGARI A A. Geochemical characteristics of the Arbanos Karst-type bauxite deposit, NW Iran: Implications for parental affinity and factors controlling the distribution of elements [J]. Journal of Geochemical Exploration, 2019, 200: 249-265.

[83] PANDA S, COSTA R B, SHAH S S, et al. Biotechnological trends and market impact on the recovery of rare earth elements from bauxite residue (red mud)-A review [J]. Resources, Conservation and Recycling, 2021, 171: 105645.

[84] DENG B N, LI G H, LUO J, et al. Selectively leaching the iron-removed bauxite residues with phosphoric acid for enrichment of rare earth elements [J]. Separation and Purification Technology, 2019, 227: 115714.

[85] RIVERA R M, XAKALASHE B, OUNOUGHENE G, et al. Selective rare earth element extraction using high-pressure acid leaching of slags arising from the smelting of bauxite residue[J]. Hydrometallurgy, 2019, 184: 162-174.

[86] DENG B N, LI G H, LUO J, et al. Selective extraction of rare earth elements over TiO_2 from bauxite residues after removal of their Fe-, Si-, and Al-bearing constituents[J]. JOM, 2018, 70(12): 2869-2876.

[87] DAVRIS P, BALOMENOS E, PANIAS D, et al. Selective leaching of rare earth elements from bauxite residue (red mud), using a functionalized hydrophobic ionic liquid[J]. Hydrometallurgy, 2016, 164: 125-135.

[88] 周福川, 唐红梅, 王林峰. 缓倾角塔柱状危岩压裂损伤-突变失稳预测 [J]. 岩土力学, 2022, 43(5): 1341-1352.

[89] TESELETSO L S, ADACHI T. Future availability of mineral resources: Ultimate reserves and total material requirement [J]. Mineral Economics, 2023, 36(2): 189-206.

[90] 王嘉懿, 崔娜娜. "资源诅咒"效应及传导机制研究: 以中国中部36个资源型城市为例[J]. 北京大学学报(自然科学版), 2018, 54(6): 1259-1266.

[91] ŠOLAR S V, SHIELDS D. The effect of policy choices on mineral availability [J]. Geologija, 2006, 49(1): 163-172.

[92] CALVO G, VALERO A. Strategic mineral resources: Availability and future estimations for the renewable energy sector[J]. Environmental Development, 2022, 41: 100640.

[93] 易斌. 矿产资源开发的不确定因素评价方法及其应用研究[D]. 长沙: 中南大学, 2007.

[94] 杨焱. 苏北典型区潮滩围垦适宜规模评价体系构建[D]. 南京: 南京师范大学, 2011.

[95] 刘伟佳, 林振智, 文福拴, 等. 基于直觉模糊集 Choquet 积分算子的黑启动群体决策方法[J]. 华北电力大学学报, 2011, 38(4): 1-7.

[96] 杨丽芬. 基于维护管理的多目标决策优化方法研究[D]. 天津: 河北工业大学, 2007.

[97] 吴宗喜, 俞竹丽, 陈定炫. 中国企业并购海外体育俱乐部风险指标体系研究[J]. 现代商业, 2021(2): 126-128.

[98] 刘岁海, 周开灿, 李发斌, 等. 基于层次分析法与加权叠加分析模型的攀西地区钒钛磁铁矿开发利用评价[J]. 西南科技大学学报, 2014, 29(4): 38-42.

[99] 赵恒勤, 胡四春, 赵宝金, 等. 难利用含铝资源可利用性研究: 英文版[M]. 长沙: 中南大学出版社, 2013.

[100] 张照志, 南雪玲, 张莹莹, 等. 中国新疆阿勒泰地区周边国家毗邻区矿产资源可利用性研究[M]. 北京: 地质出版社, 2013.

[101] 王岩, 邢树文, 卢烁十, 等. 重要低品位、难选冶金属矿产可利用性评价

［M］. 北京：地质出版社，2017.

［102］曹树刚，邱道持. 重庆市矿产资源开发［M］. 重庆：重庆大学出版社，2004.

［103］黄培培，栾进华，张瑞刚，等. 重庆市矿产资源开发利用［M］. 北京：地质出版社，2022.

［104］余良晖，陈甲斌，马苗卉，等. 重要矿产保护与合理利用研究：以铁矿为例［M］. 北京：地质出版社，2015.

［105］李文芳，孔锐，王仁财. 我国重要矿产资源评价指标体系研究［J］. 中国国土资源经济，2008，21（7）：26-28.

［106］鲍荣华，王淑玲，刘树臣，等. 矿产资源国际竞争力指数的研究和测算［J］. 中国国土资源经济，2006，19（11）：20-24.

［107］陈其慎. 中国铁矿石供需形势分析［D］. 北京：中国地质大学（北京），2007.

［108］廖士范. 我国铝土矿成因及矿层沉积过程［J］. 沉积学报，1986，4（1）：1-8.

［109］黎彤，袁怀雨. 大洋岩石圈和大陆岩石圈的元素丰度［J］. 地球化学，2011，40（1）：1-5.

［110］蒋常菊，雷占昌，范志平. 某三水型铝土矿中镓和钪的浸出研究［J］. 矿产综合利用. 2013；1-9.

［111］王明涛. 多指标综合评价中权系数确定的一种综合分析方法［J］. 系统工程，1999，17（2），56-61.

［112］李占明. 多目标决策的效用函数方法［J］. 系统工程，1989，7（5）：52-54.

［113］ALMEIDA R R. Fuzzy multiple attribute decision making：A review and new preference elicitation techniques［J］. Fuzzy Sets and Systems，1996，78（2）：155-181.

[114] 陈守煜. 模糊分析设计优选理论与模型[J]. 系统工程, 1990, 8(6):
7-12.

[115] 陈守煜. 多目标决策模糊集理论与模型[J]. 系统工程理论与实践,
1992, 12(1): 7-13.

[116] 武小悦, 李国雄. 一种 Fuzzy 多属性决策模型[J]. 系统工程与电子技
术, 1995, 17(4): 21-25.

[117] 孟波. 一种有限方案模糊多目标决策方法[J]. 控制与决策, 1993, 16
(5):378-380.

[118] 张斌. 多目标系统决策的模糊集对分析方法[J]. 系统工程理论与实践,
1997, 17(12): 108-114.

[119] 郝强, 朱梅林. 基于模糊灰色分析的方案排序及应用[J]. 系统工程,
1995, 13(5): 57-62.

[120] 王应明. 运用 DEA 方法进行多指标决策[J]. 预测, 1999, 18(6):
64-66.

[121] HATTORI Y. Social choice function with subordinate relations as one variable
[J]. International Journal of Systems Science, 1996, 27(10): 957-962.

[122] HATTORI Y. Proposal of one social choice function with subordinate relations
and the relationship between social choice functions with subordinate relations
and simple games[J]. International Journal of Systems Science, 1997, 28
(8): 749-754.

[123] 罗云峰. 关于认可制群决策准则的研究[J]. 系统工程理论方法应用,
1993, 2(3): 45-49.

[124] 赵勇. 委员会评估的合理性与准则性[J]. 系统工程, 1999, 17(1):
11-17.

[125] 谢贤平. 用灰色关联分析法选择采矿方法[J]. 有色金属(矿山部分),
1993, 45(2):8-12.

[126] 蔡匡. 对采矿法方案优选方法的分析比较[J]. 有色金属(矿山部分), 1996, 48(5):1-6.

[127] 姚香. 采矿方法研究与数学优选[J]. 黄金, 1997, 18(2): 15-18.

[128] 谢贤平, 杨鹏. 采矿方法设计方案的评价与选择[J]. 黄金, 1996, 17(6): 15-18.

[129] 姚香, 周占魁. 模糊数学优选采矿方法[J]. 黄金, 1992, 13(4): 18-22.

[130] 周科平. 多目标灰色决策在采矿方法选择中的应用[J]. 化工矿山技术, 1995, 24(1): 20-22.

[131] 吴爱祥. 相似率价值工程法在采矿方法优选中的应用[J]. 中南工业大学学报, 2000, 31(4): 294-296.

[132] 魏一鸣, 周昌达, 阳纯友. 采矿方法选择的综合评价决策[J]. 昆明工学院学报, 1993, 18(2): 11-16.

[133] 汪锦璋, 邓如平. 矿山开发研究的向量型多目标决策方法[J]. 有色金属, 1989, 41(3): 1-8.

[134] 冯夏庭. 地下采矿方法合理识别的人工神经网络模型[J]. 金属矿山, 1994, 3: 7-11.

[135] 魏一鸣, 童光煦. 用灰色多目标模型优化矿床品位指标[J]. 有色冶金设计与研究, 1994, 15(3): 8-11.

[136] 叶义成. 采矿系统多目标决策的价值函数研究[J]. 武汉冶金科技大学学报, 1999, 22(1): 18-20.

[137] 潘棋. 矿井设计标书的综合评判[J]. 中国矿业, 1998, 7(4): 29-32.

[138] 陈小明. 矿山总体技术方案综合评价[J]. 化工矿山技术, 1998, 27(2): 36-39.

[139] 叶义成. 矿山经营状况评价的偏好排序[J]. 武汉冶金科技大学学报, 1998, 21(1): 5-9.

[140] 叶义成, 伍佑伦. 矿山经营状况综合评价的集对分析方法[J]. 金属矿

山，2000，288（6）：23-24.

[141] 张玉祥. 基于变权体系的矿区可持续发展综合评价模型研究[J]. 中国矿业，1998，7（5）：58-60.

[142] 魏一鸣. 矿产资源开发全局优化决策的多目标集成技术[J]. 系统工程理论与实践，1999，11：13-17.

[143] 汪锦璋，郭纯. 0—1 多目标规划优化法在矿业投资方向决策中的应用[J]. 有色金属，1992（3）：1-11.

[144] 赵克勤. 一种简明的方案综合评价方法[J]. 有色冶金设计与研究，1994，15（2）：60-63.

[145] 陈庆华，潘长良，杨殿. 矿业模糊多目标群决策方法及其应用[J]. 有色金属，1996（2）：20-23.

[146] 薛建航. 基于层次分析法的家庭经济困难学生认定研究[D]. 西安：西安科技大学，2012.